KB272864

대한민국 으뜸 농사기술서

포도

농민신문사

대한민국 으뜸 농사기술서

포도

농민신문사

세계적으로 포도 재배면적은 바나나 다음으로 많고, 생산량은 사과, 오렌지와 함께 작황에 따라 2~3위를 차지하고 있다. 우리나라에서는 사과, 감귤 다음으로 많이 재배 및 생산되고, 단위면적당 소득도 높은 과실이다.

포도 소비량은 국민 소득증가와 함께 지속적으로 증가되어 왔으나 2004년도 한·칠레 FTA를 시작으로 미국, 중국 및 동남아의 여러 나라와 FTA 체결로 다양한 수입 과실이 들어오면서 재배면적과 생산량이 줄어들고 있는 실정이다.

여러 가지 불확실한 상황에서 국내 포도 산업이 한 걸음 더 도약하기 위해서는 〈캠벨얼리〉 품종 중심에서 벗어나 소비자들의 다양한 기호도를 충족시킬 수 있도록 껍질째로 먹은 무핵(씨 없는)포도, 유색(녹색, 황색, 적색) 포도 등으로 품종 갱신과 새로운 재배기술 적용이 필요한 시기이다.

이에 우리 포도인들은 영농현장의 어려움을 인식하고 다각적인 해결방안을 제시하면서 농업현장의 변화를 이끌어낼 수 있는 책이 필요하다고 생각하던 중 농민신문사의 요청으로 현장중심의 전문가들이 머리를 맞대고 의견을 모아 현장경험을 토대로 책자를 발간하게 되었다.

특히 실용기술 중심으로 편집하기 위해 개원과 재식, 수형과 전정, 결실관리, 무핵재배기술 및 병해충 등을 전진배치하였고, 재배현황, 품종, 포도의 형태 등 포도나무를 이해하는 부분을 후순위로 배치하여 현장중심적인 기술서가 되도록 노력하였다.

이러한 집필 방향에 동참하여 다양한 자료를 이해하기 쉽게 기술하고 많은 사진과 표를 인용하여 영농현장에서 쉽게 이해할 수 있도록 노력해 주신 집필진 여러분들께 깊이 감사를 드린다.

본 책자는 농민신문사의 알찬 기획과 적극적인 지원이 있었기에 가능하였으므로 집필진을 대표하여 농민신문사 관계자 분들께 진심으로 감사를 드린다.

조금 부족하고 아쉬운 부분은 있지만 미룰 수 없었기에 미비한 부분은 계속 수정하고 추가하겠다고 약속을 드리며 격려해 주신 모든 분께 감사인사를 올린다.

2016. 6

집필자를 대표하여

농학박사 이 영 철

Part1. 실전에서 살아남기 – 발아에서 수확까지

Ⅰ. 개원과 재식 ···················· 10

Ⅱ. 수형과 전정 ···················· 25

Ⅲ. 결실관리 ······················ 42

Ⅳ. 무핵재배기술 ·················· 54

Ⅴ. 토양관리 ······················ 65

Ⅵ. 생리장해 ······················ 86

Ⅶ. 병해충 ······················· 111

Part 2. 포도나무 이해하기 − 재배에서 경영까지

VIII. 포도 재배현황 ⋯⋯⋯ 182

IX. 품종 ⋯⋯⋯ 192

X. 포도나무의 형태 ⋯⋯⋯ 219

XI. 대목과 번식 ⋯⋯⋯ 234

XII. 수확 후 관리 ⋯⋯⋯ 246

XIII. 경영 ⋯⋯⋯ 260

부록

부록 1. 농산물 표준규격 ⋯⋯⋯ 280

부록 2. 농약의 안전사용 ⋯⋯⋯ 283

Part
01
실전에서
살아남기
발아에서 수확까지

Ⅰ.
개원과 재식

1. 개원 

    포도나무가 잘 자라려면 좋은 자연 환경을 가지고 있는 지역, 즉 재배적지에 심어야 한다. 포도는 재배적지에서 키우면 크게 힘들이지 않아도 좋은 품질의 과실을 생산할 수 있으나, 부적지에서 키우면 품질 좋은 과실 생산이 어려울 뿐만 아니라, 품질 좋은 포도를 생산하기 위해 여러 가지 재배기술이 추가로 필요하므로 결국 노력과 투자비가 많이 든다.

    포도는 한 번 심으면 주변 환경 영향을 장기간 받으므로 기온, 강우, 바람, 토질 및 지형 등을 고려해 재배지를 선정한다.

1 재배환경

(1) 기온

최근에 수입되는 유럽종(*V. vinifera*) 포도는 약한 내한성으로 겨울철 최저기온이 -15℃로 떨어지면 동해를 입게 된다. 따라서 중북부지역에서는 월동대책을 마련해야 하므로 비교적 겨울철이 따뜻한 남부지방에서 재배하는 것이 유리하다.

반면 미국종(*V. labrusca*) 포도는 내한성이 강하여 -20~-25℃에서도 월동이 가능하므로 대부분 지역에서 재배할 수 있다. 만약 하우스에서 재배하거나, 겨울철에 포도나무를 땅속에 묻어 재배한다면 우리나라 모든 지역에서 재배할 수 있다. 그러나 겨울철 동해를 예방하기 위해 땅속에 묻는 작업은 노동력, 시간 및 비용 등이 많이 소요되므로 바람직하지 않다.

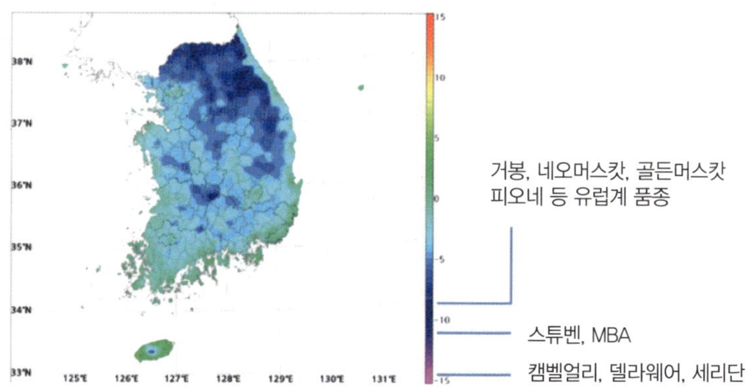

〈그림 1-1〉 겨울철 최저기온의 분포 및 재배가능 품종(2015년 2월)

최근 우리나라의 연평균 기온이 상승하여〈그림 1-1〉 겨울철 평년 최저기온만을 비교하였을 때 강원도 산간지방을 제외한 전국이 겨울철 토양매몰 없이 재배할 수 있는 것으로 나타났다. 하지만 일부 대관령, 태백산맥 등 고랭지는 여전히 일 최저기온이 -20℃ 이하로 떨어지므로 주의해야 하고 유럽종 포도는 겨울철 최저기온이 -15℃ 이하로 내려가는지를 확인하여 재식해야 한다(표 1-1). 또한 재배하고자 하는 지역의 최저온도가 며칠이나 지속되는지에 대한 정보를 기상청 홈페이지에서 확인해 참고해야 한다.

표 1-1 주요 품종별 내한성 정도

내한성 정도	극강	강	중	약	극약
포도알이 작은 품종	델라웨어	캠벨얼리 콩코드 새단 나이아가라	청수, 홍단 탐나라, 진옥 홍이슬 힘로드 스튜벤	골든퀸 다노레드 MBA	네오머스캇
포도알이 큰 품종	–	–	–	거봉 흑구슬 흑보석 수옥, 자옥 피오네 로자리오비앙코	갑비로 적령

(2) 강수량

　강수량은 포도의 생장 및 품질에 큰 영향을 미치는데, 포도나무가 생육하는 데 물은 필수적인 요소이지만 우리나라와 같이 여름철에 많은 강수량은 좋지 않다. 포도의 생육기별 강수량에 의한 포도나무의 반응을 살펴보면 봄철 발아기 강우는 발아를 순조롭게 하지만 너무 많으면 캠벨얼리 품종의 새눈무늬병 발생이 많아진다.

　개화기(5월 하순~6월 상순)에 비가 많으면 꽃의 수정이 안 되어 포도알이 제대로 맺히지 못한다. 생육기에 강우가 많으면 새가지에서 발생하는 2차 가지(부초)의 발생이 많아지고 웃자라서 병 발생이 많다. 착색기에서 성숙기까지 비가 많으면 갈색무늬병과 포도알 터짐 현상(열과)이 많아 품질과 수량을 떨어뜨린다. 또한 전 생육기간에 걸쳐 많은 강우는 일조량 부족 및 조기낙엽 등으로 당도가 저하되고, 포도알의 착색이 불량해진다. 또한 겨울철을 견딜 만한 나무가 저장양분이 부족하면 이듬해에 발아불량과 생육불량이 일어난다.

　기본적으로 유럽종 포도 주산지는 연 강수량이 500㎜ 이하이며, 4~9월 생육기의 강수량은 400㎜를 넘지 않고 있으나, 우리나라는 연 강수량은 지역에 따라 1,100~1,850㎜이고, 주 생육기(4~9월) 강수량은 750㎜ 이상으로 매우 많다. 또한 강수량이 계절별로 불균일하고 특히 여름철에 강우가 집중(연 강수량의 50~60%)된다.

　따라서 여름철에 온도가 높고 과습하면 병 피해가 증가하기 때문에 병해충에 약한 유럽종 포도를 재배하는 데 어려움이 있다.

반면, 미국종 포도 주산지의 연 강수량은 900~1,070㎜, 4~9월 강수량이 440~660㎜로서 우리나라의 강수량과 비슷하여 미국종 포도는 재배하기 적합하다.

(3) 토양조건

포도나무는 다른 과수보다 토양에 대한 적응성이 넓고, 내건성과 내습성이 강하므로 적정한 토심이 확보되면 경사지에서도 재배할 수 있다(표 1-2).

품질 좋은 포도를 생산하기 위한 이상적인 토양은 다른 과수와 마찬가지로 토양이 깊고 비옥하며 토양 내 습도 변화가 작은 배수가 양호한 사양토로서 유기물을 3~5% 정도 함유한 토양이다. 토양 산도(pH)는 6.5~7.5 정도, 염기포화도(CEC)가 높은 토양이 좋다.

대체적으로 우리나라 토양은 유기물이 부족하고 화학비료를 과다하게 사용하여 토양이 산성화되어 있다. 또한 강수량이 많아 토양 중에 존재하는 유용 유기물이 쉽게 없어지고 염기포화도도 낮다. 경작지가 아닌 곳에서 포도나무를 키운다면 석회를 사용하여 토양 산도를 조절해 주고 유기물과 미량요소를 충분히 공급해야 한다(표 1-3).

표 1-2　포도원의 일반적인 토양 적응 특성

토양 조건	토양 깊이	토양 산도	일반적인 포도밭의 상태
통기성이 좋은 사질토	40~50cm	중성 (pH 6.0~7.0)	질소과다, 마그네슘과 붕소 결핍이 많음

표 1-3　포도원의 토양 적지 판정기준

구 분	최 적 지	적 지	가 능 지	부 적 지
토양의 성질	식양질	사양질(점토 25%) 석질, 미사식양질	사양질 (점토 12%), 사양질/사질	사질
경　사(%)	〈 7	7~15	15~40	〉40
토양 배수	양 호	약간 양호	약간 불량	불 량
토양 깊이 (cm)	80 〉	80~50	50~20	〈 20
자갈 함량(%)	〈 15	15~30	30~45	〉 45
침식 여부	없 음	있 음	심 함	매우 심함

　토양에 따른 포도의 반응은 매우 다양하게 나타나는데 미국종 포도는 유럽종보다 비옥한 토양을 좋아한다. 유럽종 포도는 배수가 잘되는 토심이 깊은 모래참흙이나 자갈이 섞인 참흙이 좋다.

　투수성이 약하여 배수가 잘 되지 않는 질흙이나 지하수위가 높은 논 토양에서는 뿌리의 분포가 얕게 되어 생육이 불량하므로 여러 가지 재배상의 문제점이 발생할 수 있다. 토양에 따른 포도의 생장은 표 1-4와 같다.

| 표 1-4 | 토양의 종류에 따른 포도나무의 생장 반응 |

토양의 종류	생장 반응
모래땅	나무의 크기가 작고 포도알은 잘 열리지만 작아서 전체적인 수확량이 감소한다. 생식용 포도는 품질이 좋고 빨리 성숙되지만 양조용 포도는 좋지 않다.
질 흙	수분, 양분을 잘 보존하므로 성숙기가 늦으며, 병이 발생하기 쉽고 포도 품질이 대체로 좋지 않다. 그러나 석회질이 많이 함유되어 있다면 품질이 좋아진다.
참 흙	나무의 생육에 좋으나 양분이 너무 많아 웃자라게 되면 향이 나빠지고 껍질이 두꺼운 포도가 된다.
자갈땅	배수가 좋아서 이상적인 토질이지만, 양분을 주기적으로 공급해야 하고, 고품질 양조용 포도 재배 지역으로 어울린다.

(4) 광

광이 부족하면 새가지의 생장이 좋지 않아 이듬해에 사용할 눈의 형성과 올해의 결실 및 품질이 불량하게 된다. 따라서 광을 잘 받을 수 있는 장소를 선택하고, 재식거리 및 수형 등을 고려하여 잎이 겹쳐지지 않도록 관리한다.

특히 등나무 그늘과 유사한 형태인 덕식 수형은 가지와 잎이 동일 수평면에 위치하여 광을 받기 위해 가지 배치를 잎이 겹치지 않도록 관리한다. 또한 일부 직광착색용 적색 포도는 직사광선을 받아야 착색이 균일하게 되므로 덕식 수형에서 재배할 때 송이까지 광이 잘 도달되도록 관리한다.

포도는 성숙에 필요한 잎이 확보되면 착색 초기(7월 중순~하순) 이후에는 새가지의 생육이 멈추고 수관 내부의 밝기가 적당하게 유지되어야 한다. 세력이 강한 포도나무를 노동력 부족 등으로 그대로 두면 수관 내부가 어두워져 잎이 제대로 빛을 받지 못할 경우 품질이 저하된다. 이것을 방지하기 위해서 새가지에서 발생하는 2차 가지의 끝을 주기적으로 잘라주어 새가지의 생장을 억제한다. 또한 포도나무의 재식거리가 너무 좁거나, 질소질 비료 또는 유기질을 너무 많이 사용하면 순지르기만으로 조절되지 않으므로 주지연장지를 활용해 주간거리를 확대한다.

(5) 지형

우리나라의 포도 주산지는 평지보다 경사지에 많이 조성되어 있다. 경사의 정도에 따라 차이는 있으나 8% 이상에서는 경사가 심할수록 노동력을 비롯한 생산비가 많이 소요되고, 토양 유실도 심하다. 하지만 경사지는 일반적으로 일조량이 많고, 토양 배수와 통기성이 좋아 품질 고품질 포도를 생산하는 데 유리하다.

경사의 방향은 동남, 남, 남서 등이 좋으나 따뜻한 지역에서는 일조에 지장이 없으면 북쪽의 완만한 경사지를 이용해도 좋다. 늦서리의 피해가 우려되는 곳은 동쪽이 위험하고, 특히 냉기류가 정체하는 계곡의 저지대는 서리 피해가 발생하므로 피한다.

1️⃣ 배수

배수가 잘 되는 토양은 토양 속의 공기 함량이 많고 토양 온도도 높아져 뿌리가 깊이 내린다. 뿌리가 넓고 깊게 뻗어야 많은 양분을 이용하여 능률적인 생산을 기대할 수 있고, 포도밭이 배수가 잘 되지 않으면 장마철에 과습피해를 받아 생육이 나빠진다.

또한, 토양 속의 산소 부족으로 뿌리가 깊이 뻗지 못하고 습해를 받아 여러 가지 미량요소 부족으로 생리장해가 발생하므로 토양 속 배수로 및 토양표면에 배수시설을 해야 한다. 특히 논을 바꾸어서 포도밭으로 만드는 경우 흙을 1m 이상 충분히 복돋워 밭을 만들고 배수시설을 반드시 설치해야 포도나무가 성목이 된 다음에도 각종 생리장해를 막을 수 있다.

경사지는 토양 깊이가 얕고 척박하여 토양 유실이 많고 작업하는 데 불편한 점도 있지만 배수가 좋고 바람이 잘 통하며, 빛도 잘 들어와 포도 생육이 평지에 위치한 밭보다 좋은 점도 있다.

경사도가 8% 이하면 경사를 그대로 이용하여 포도나무를 심고 경사도가 8% 이상이면 계단식으로 밭을 만들어야 한다.

2️⃣ 토양표면 관리

경사지를 이용하는 포도밭의 토양표면 관리는 포도밭을 만드는 데 기본이 되는 것으로 토양 유실 정도는 경사도, 경사면 길이, 피복식물의 종류 및 강수량 등에 따라 차이가 있다. 일반적으로 물이 수직으로 흐를 때 토양 유실량은 가장 많으므로 등고선을 따라 배수로를 만들어 특정 지점에 만든 집수구로 물이 흘러가게 하고 경사면에는 경사면 전체 또는 등고선을 따라서 피복식물을 키워 토양 유실을 막는다.

3 논을 바꾼 포도밭

신규 포도밭 중에는 논이었던 곳을 이용하여 개원하는 곳이 많은데 논을 이용한 포도밭 중에는 포도나무가 자랄 수 있도록 흙을 충분한 돋워지지 않은 곳이 많다. 논은 배수가 불량하여 논에다 직접 포도나무를 심으면 뿌리가 과습해서 생육이 불량해진다. 토양 배수는 도랑이나 배수로를 통해 옆으로 빠지는 수평배수와 땅 밑으로 빠지는 수직배수로 나눌 수 있다.

논 토양은 도랑이나 배수로를 철저히 만들었다고 하더라도 수직 배수가 불량하여 과습에 의한 생육불량이 일어나므로 흙을 충분히 돋워 주거나 토양 속에 배수로 시설을 하여 배수가 잘 되도록 해야 한다. 논을 바꾼 포도밭이 1m 이상의 흙이 돋워지지 않은 경우, 포도나무를 심을 때 구덩이를 파지 않고 높이 30~40㎝, 폭 100㎝의 이랑을 만들어 묘목의 뿌리를 이랑 부분에 놓이게 한 후 주위 흙으로 덮어 이랑에 심어야 과습 피해를 방지할 수 있다〈그림 1-2〉.

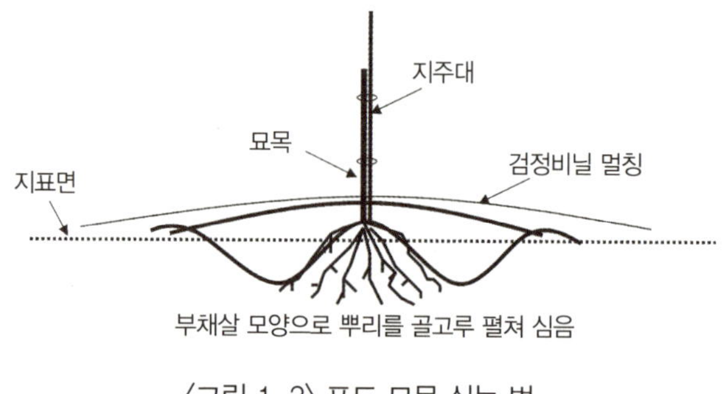

〈그림 1-2〉 포도 묘목 심는 법

3. 재 식

1 품종 선정

우리나라의 포도 품종은 캠벨얼리가 약 67%를 차지하여 주품종을 이루고, 다음이 거봉, 머스캇베일리에이(MBA) 등의 순이다. 이 밖에도 여러 가지 품종이 재배되고 있으나 이들 품종의 재배면적은 매우 작다〈그림 1-3〉. 지금까지 다양한 품종이 재배되지 못한 원인은 유럽종 품종의 관리가 기존 주품종인 캠벨얼리나 거봉에 비해 어렵다는 선입견과 내한성이 약해 쉽게 선택하지 못하였다.

그러나 앞으로는 씨가 없고, 껍질째 먹으며, 과육이 아삭한 고당도의 포도 수요가 증가할 것으로 예상되므로 지금까지 캠벨얼리를 중심으로 한 생식용 포도의 품종 구성에 변화가 있을 것이다. 따라서 씨가 없고 껍질째 먹어도 식감이 떨어지지 않으면서 독특한 외관이나 향기를 가진 품종이 인기를 끌 것이다.

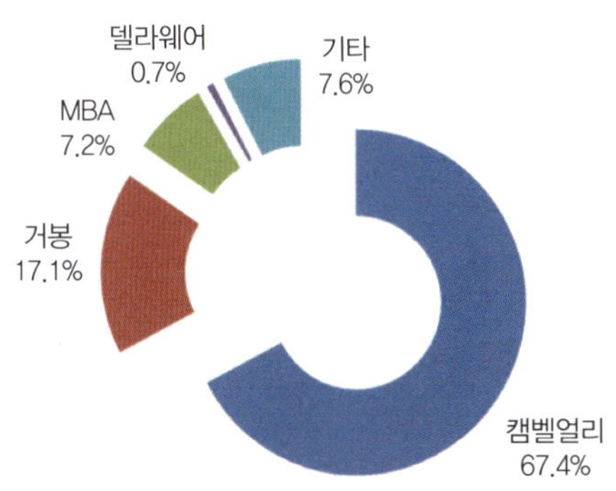

〈그림 1-3〉 포도 주요 품종의 점유율(2015년)

2 묘목의 선택

포도 묘목은 허가받은 종묘업체에서 사는 방법과 자기 밭에서 삽목해 자가 생산하는 방법이 있다. 재배하고자 하는 품종의 삽수를 구할 수 있다면 자가 생산하여 심는 것이 품종의 혼입을 막을 수 있는 방법이다. 하지만 자가 생산하는 경우 자칫 관리가 소홀해 묘목이 불량해지는 일이 많아 전문 종묘업체에서 생산하는 우량한 묘목을 선택하는 것이 바람직하다(표 1-5).

표 1-5 포도 묘목 선택 시 고려사항

- 묘목의 마디가 짧고 굵으며 충실하고 웃자라지 않은 것
- 굵은 뿌리와 잔뿌리가 적당히 섞여서 뿌리가 많고, 2단 또는 3단으로 뿌리가 발생하지 않은 것
- 병충해의 피해가 없는 것
- 접목묘는 대목 길이가 30㎝ 이상으로 접목부가 잘 활착된 것

3 묘목 심는 시기

포도나무는 다른 낙엽과수와 같이 생육이 정지하는 낙엽기부터 봄철 뿌리 활동이 시작되기 전인 3월 상순까지 심는다. 아주 추운 지방이 아니면 낙엽 직후인 가을에 심는 것이 나무 발육에 좋다. 즉 가을에 심으면 이듬해 봄에 나무의 새뿌리가 빠르게 발아되어 생육에 좋다.

우리나라에서도 가을에 심을 경우 지역에 따라 다르나 11월 상순부터 12월 상순까지로 가능한 한 빨리 심는 것이 좋다. 가을에 너무 늦게 묘목을 구입하여 심으면 자칫 들떠서 뿌리가 동해를 입기 쉬우므로 추운 시기를 피하여 봄에 심는 것이 좋다. 봄에 심을 경우에도 땅이 풀린 후 늦어도 3월 하순까지는 심어야 한다. 심는 시기가 늦어질 경우 새뿌리가 발생하기 전에 생리 활동이 시작되어 발아가 늦고 생육이 불량해지므로 빨리 심는 것이 좋다.

4 심기 전 묘목 손질

묘목의 뿌리가 건조하지 않도록 미리 포도밭 한곳에 모아서 심어 놓는다. 이는 제대로 포도나무를 심기 전까지 뿌리를 마르지 않게 하는 것으로, 특히 먼 곳에서 운반해 온 묘목은 뿌리가 마르기 쉬우므로 물에 6~12시간 정도 담가 물을 충분히 흡수시킨 후에 심는다. 그리고 근두암종병, 날개무늬병 및 새눈무늬병 등에 걸린 묘는 되도록 심지 않도록 하고, 묘목 뿌리가 상했거나 상처가 있을 경우에는 전정가위로 매끈하게 절단한 후 살균제에 담가 병균 침입을 막으면서 상처가 빠르게 아물도록 한다.

5 심는 거리

포도 묘목의 심는 거리는 품종, 대목의 종류, 전정방법 및 토양 관리 등 재배조건에 따라 다르다. 우리나라에서 권장하는 심는 거리는 캠벨얼리와 같이 단초전정이 가능한 품종(새단, MBA 등)은 개량일자형 수형일 때 열간거리 2.7m × 주간거리 2.7m로 10a당 123주, 거봉계 품종처럼 덕식 재배하는 수형에서는 3.6×3.6m로 10a당 77주를 심은 후 생육상태에 따라 4~5년 후부터는 이웃나무를 잘라내어 나무 사이의 거리를 넓혀 준다.

우리나라에서는 나무를 조밀하게 심는 경우가 많아 10a당 300주를 심어 조기에 많은 수확량을 거두고 있지만, 3년만 지나도 너무 조밀하게 심겨진 나무는 수세조절이 어려워진다. 뿐만 아니라 수량도 재식주수가 많다고 무조건 증가되는 것은 아니므로 주의한다.

6 묘목 심기

나무 심는 구덩이가 깊을 때에는 흙이 상당히 가라앉게 되므로 지표면에서 30㎝ 정도 높게 심어야 한다. 나무를 심는 부분의 흙은 곱게 마쇄한 후 흙을 약간 긁어모아 그 위에 묘목을 놓고 뿌리를 흙쌓기 면에 따라 가지런히 분포시킨 다음 고운 흙으로 덮어 준다. 그리고 그 위에 고운 완숙 퇴비를 덮어 준 다음 충분히 관수를 해 주고 다시 30㎝ 정도 흙을 덮어 건조를 막아 준다.

만약 접목묘를 심을 때 접목부위가 지하로 들어가면 접을 붙인 품종에서 새뿌리가 나오고 대목 뿌리는 말라 죽게 되므로 접목 효과가 없어진다. 나무를 심을 때 특히 주의해야 할 점은 비료를 너무 뿌리 가까이 넣어서 새뿌리가 말라죽는 일이 없도록 한다.

7 재식 후 관리

재식 후 비가 적으면 주기적으로 관수해 주고, 지역에 따라 다르나 4월 중·하순이면 발아가 되므로 월동해충이 나타나는 발아기에 살충제를 뿌려서 방제한다.

새싹이 나오면 2개만 남기고 그중 가장 왕성하게 자라는 새가지는 지주를 세워 유인하여 계속 키우고 나머지 1개의 순은 자라지 못하도록 3~4잎만 남기고 새순의 끝을 잘라 주어 초기에 유인한 새가지에 양분을 공급하도록 한다. 또한 생육 초기 생장량이 떨어지면 생장촉진을 위해 속효성 비료를 2회 정도 엽면시비 하는 것도 바람직하다.

Ⅱ.
수형과 전정

1. 수형

　포도 수형은 오랜 세월 지역의 자연적 조건인 강수량, 온도 및 토양조건 등에 따라 적응하여 겉으로 보기에는 매우 달라 보이지만, 원리는 매년 품질이 우수한 포도를 안정적으로 생산하기 위해 영양생장과 생식생장의 균형을 잡는 데 있다.

　수형의 종류는 일반적으로 울타리형, 덕식형 및 그루형 등으로 나눌 수 있고, 우리나라와 같이 생육기에 비가 많은 지역에서는 수세안정 측면에서 덕식 수형이 바람직하나 작업효율성을 고려해 울타리형을 주로 이용하고 있다.

(1) 웨이크만형(Wakeman's training system)

우리나라 주품종인 캠벨얼리에 많이 이용하고 있는 수형으로 단초전정이 가능하다. 수형 형태는 2m 길이의 지주를 50㎝ 깊이로 묻고, 지상 1.5m 높이에서 90㎝ 정도의 막대를 가로로 대어 T자형으로 고정시킨 후 가로 막대의 양쪽 끝에 신초 유인선을 설치하고, 지면에서 위로 90㎝ 되는 곳에 주지 유인선을 가설한 후 주지를 한 방향 또는 양방향으로 유인하여 재배하는 형태이다〈그림 2-1〉.

단점은 송이 착과 높이가 1.0m 정도로 낮아 송이다듬기, 송이솎기 및 봉지씌우기 등의 작업이 불편하고, 신초가 사립으로 생장하여 강우량이 많은 우리나라에서는 영양생장이 지나치게 클 수 있는 수형이다. 또한 송이 착과 위치가 낮아 강우 시 지상에서 튀어 오르는 빗물에 의해 병해가 발생할 위험성도 있다.

〈그림 2-1〉 웨이크만식 수형

<그림 2-2> 개량먼슨형

(2) 개량먼슨형

우리나라 경북 영천, 경산 등의 지역에서 많이 사용하는 수형으로 1단 주지 유인선의 높이는 지면 위 90㎝, 그 위 50㎝ 정도에 60㎝의 가로 막대를 설치하여 양쪽에 2단 유인선을 설치하고, 그 위로 다시 50㎝ 정도에 3단 유인선을 설치한다<그림 2-2>.

개량먼슨형은 웨이크만식 수형처럼 신초를 양쪽으로 유인하여 펼치는 형태가 아닌 2단 유인선으로 유인한 후 3단 유인선으로 모아 유인하는 형태이다. 잎이 받는 햇빛량은 신초를 좌우로 펼쳐 최대로 광을 이용하는 수형에 비해 내부에 잎이 모여 있어 광효율성이 떨어지는 것으로 보이나 열간 좌우로 광투과가 가능한 수형이다.

(3) 개량일자형

　우리나라에서 주로 이용하는 웨이크만은 송이 착과 위치가 허리 아래에 있어 허리, 무릎 등에 무리가 가는 형태이고, 그와 반대로 평덕식 일자형은 송이가 덕면에 위치하여 작업 효율성이 떨어진다. 따라서 송이가 작업자의 가슴 부위에 착과되도록 하여 작업 효율성을 높인 수형이 웨이크만형과 일자형의 장점을 모은 개량일자형이다 〈그림 2-3〉.

　개량일자형은 주지 유인선의 높이를 지상 140㎝ 내외(재배 농가의 키에 따라 조절)에 설치한 후 결과모지에서 나오는 새가지는 웨이크만식과 덕식 수형이 혼합된 형태로 덕까지는 사립으로 생장시킨 후 덕면에서는 수평으로 생장시켜 수세 안정에 적합한 수형이다. 그러나 주지와 덕의 거리가 떨어져 있어 신초가 바람에 부러질 수 있으므로 신초 유인선을 1～2개 정도 가설한다.

〈그림 2-3〉 개량일자형

〈그림 2-4〉 우산형

(4) 우산형

우산형은 주로 대전 근교에서 이용된 수형으로 현재 대부분 사라지고, 영동 일부 지역에서 볼 수 있다. 수형 구성은 비교적 쉬우나, 수관 확대가 어렵고, 송이의 착과 위치가 매년 바깥 방향으로 진전되어 성목이 되면 주간 주위에는 송이가 착과되지 않는 단점이 있다.

묘목 재식 후 1.0m 정도 생장하면 순지르기로 주지를 3~4개 형성시키고, 2년째 주지를 2개로 분지시켜 부주지를 구성한 후 3년째 부주지를 재차 분지시키면 결과모지를 12개 만들 수 있다 〈그림 2-4〉. 이와 같이 수형이 구성되므로 지나치게 밀식되어 재식 4~5년차부터 밀식에 따른 생리장애가 일어나기 쉬우므로 수세조절에 유의해야 한다.

■2 덕식 수형

우리나라 덕식 수형은 거봉계 품종에서 유·무핵재배에 주로 이용하고 있으며, 수세가 강한 품종에 적합한 수형이다.

(1) 유핵재배 수형

거봉계 품종 주산지인 천안, 안성 등에서 이용하는 수형은 덕식 수형 중에서 축소 X자형으로 일본의 X자형과 유사하지만 좁은 재식거리에 의해 축소된 형태이고, 최근에 거봉계 유핵재배 수형으로 일자자연형이 주목받고 있다.

① X자형

일본에서 개량된 대표적인 자연형 정지방법으로 주지가 X자가 되도록 사방으로 향하며, 전정은 장초전정을 주로 하고, 중·단초 전정을 동시에 사용할 수 있는 수형이다. 이 수형은 재식거리를 넓혀 수세조절이 용이하므로 세력이 강한 대립계 품종에서 주로 이용되고 있다. 그러나 X자형은 정지 전정이 어렵고 수형 구성에 많은 시간과 노력이 소요된다. 아울러 거봉계 품종은 내한성이 약하다고 인식하여 우리나라 중부지역에서는 동계매몰 등의 이유로 거의 사용하지 않는 수형이다.

② 축소X자형

우리나라 거봉계 품종의 주산지인 천안 및 안성 지역에서 주로 이용하고 있는 축소X자형은 일본의 X자형과 유사한 형태이다. 이 지역에서는 동계매몰을 고려하여 주간거리 1.2~3.6m로 좁게 재식하

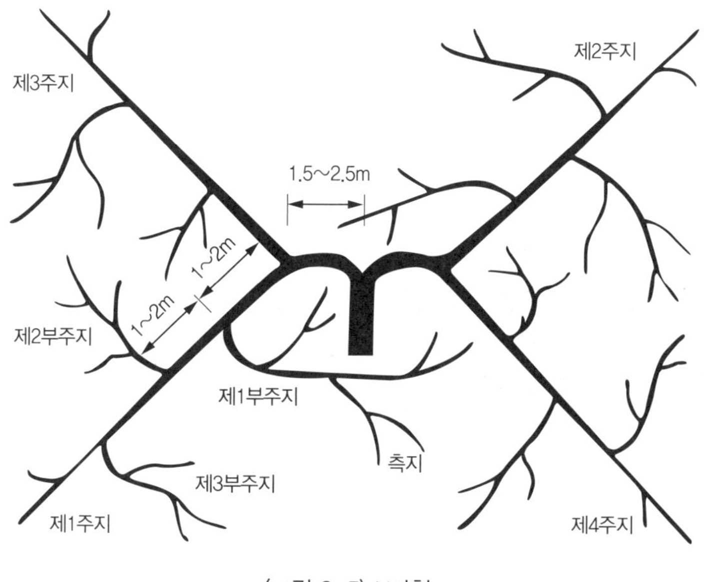

〈그림 2-5〉 X자형

여 부주지 없이 주지에 곁가지를 길게 붙이고 결과모지를 매년 중·
장초전정으로 갱신한다.

단점으로는 동계매몰로 재식거리가 좁아져 재식 4~5년부터 강
전정에 의해 지하부와 지상부의 불균형으로 꽃떨이현상 등 각종 생
리장애가 발생할 수 있어 수세조절에 각별한 주의가 필요하다.

③ 일자자연형

일자자연형은 일자형에 익숙한 우리나라 덕식 포도원에서 거봉계
품종에 알맞은 수형이다. 주지가 2개로 구성되어 있어 수형 구성 및
관리가 쉽고 전정할 때 문제가 되는 패지 발생도 적은 수형이다. 주지
에 부지를 짧게 형성시키고 측지에 결과모지를 세력에 맞게 장초, 중

〈그림 2-6〉 축소X자형

초 및 단초전정을 한다.

　일자자연형의 결과모지가 주지 좌·우 45㎝ 내에 대부분 형성되므로 송이다듬기, 송이솎기 및 수확 등을 할 때 움직이는 거리가 짧아 축소X자형에 비하여 작업시간이 적게 소요되고, 비가림재배 시 시설 내에 송이 100%, 잎 80~90%가 들어오므로 비가림 효과가 극대화된다. 또한 주지도 좌·우로 하나씩 형성되므로 주지 간에 세력 조절이 쉽고, 간벌에 의한 주간거리 확대도 손쉽게 할 수 있어 세력조절이 용이한 수형이다.

(2) 무핵재배 수형

　평덕식 수형은 거봉계 품종 무핵재배의 가온 및 무가온 시설재배에서 이용되고 있으며, 송이가 머리 위에 착과되어 생육 초기 작업이

〈그림 2-7〉 일자자연형

불편하여 이를 개선한 수형이 개량평덕식이다. 이들 수형에 적합한 품종은 거봉계 포도를 무핵재배하는 것과 세력이 강하면서도 착립이 우수한 유럽종에 적합한 수형이다.

① 평덕식

평덕식 수형은 강우량이 많은 일본에서 발전된 수형으로 주간을 덕면까지 생장시킨 후 덕면에서 주지를 일자형, U자형 및 H자형 등으로 구성한 후 신초를 주지에 직각 방향으로 생장시킨 수형이다 〈그림 2-8〉. 수형 형태는 덕면 위에서 보았을 때 주지의 형태에 따라 일자형, H자형, WH자형 및 U자형 등으로 구분된다.

- **일자형** 일자형은 덕면에서 주지를 양방향으로 받아 생장시킨 형태로 평덕식 수형 중에서 가장 간단한 형태이다. 주지간격은 품종에 따라 차이가 있는데, 수세가 강한 거봉계 및 유럽종은 3.0m, 주지길이는 한 방향으로 7~8m 정도

<그림 2-8> 평덕식 수형과 착과 위치

가 적당하다. 송이가 덕면에 근접해 있어 송이다듬기, 송이솎기 및 지베렐린 처리 등을 하는 데 불편하다.

• **H자형** H자형은 주간을 덕면까지 생장시킨 후 주지를 좌·우로 받아 주지 간격을 확보한 다음 주지를 직각으로 유인하여 생장시키고, 반대 방향으로는 부초 또는 이듬해 신초를 받아 H자형을 구성한다. H자형의 주지는 4개로 주지 수가 일자형보다 많으므로 수관이 쉽게 확대되는 기름진 땅이나 수세가 강한 대립계 품종에 적합하다.

• **U자형** U자형은 경사지에서 재배할 경우 경사 아래 방향으로 주지를 생장시키면 주지 및 신초 생장이 불량하게 되므로 주지를 경사 위 방향으로만 생장시키는 형태이다. 주지간격과 주지길이는 일자형과 동일하다.

② 개량평덕식(일자형, H자형, U자형)

평덕식 형태의 일자형, H자형, U자형 등이 나름대로 장점이 있지만 송이가 덕면에 착과되어 지베렐린 처리, 송이다듬기, 송이솎기 등을 할 때 어깨와 목 등에 무리를 주어 작업 효율성이 떨어진다. 따라

〈그림 2-9〉 개량평덕식 전정 및 착과 위치

서 작업 효율성을 높일 수 있도록 주지 유인선을 덕면보다 30㎝ 정도 낮은 1.5m 정도에 설치함으로써 생육 초기 지베렐린 처리, 송이 다듬기 및 송이솎기 등을 효율적으로 할 수 있다〈그림 2-9〉. 개량평덕식도 평덕식과 동일하게 일자형, H자형 및 U자형 등을 구성할 수 있다.

2. 포도의 전정 

1 단초전정

캠벨얼리는 착립성이 우수하여 결과지 기부의 2눈을 남겨 놓는 단초전정이 가능한 품종이다. 단초전정이라고 하면 농가에서는 쉽게 생각할 수도 있으나 적지 않은 농가에서 첫 번째 눈 위치를 혼동하

여 두 눈을 전정했는데 실
제로는 세 눈 전정하여 결
과부위를 높이고 있다.

전정방법에 따라 결과
부위가 세 눈 전정 7~10
㎝, 두 눈 전정 3~5㎝, 한

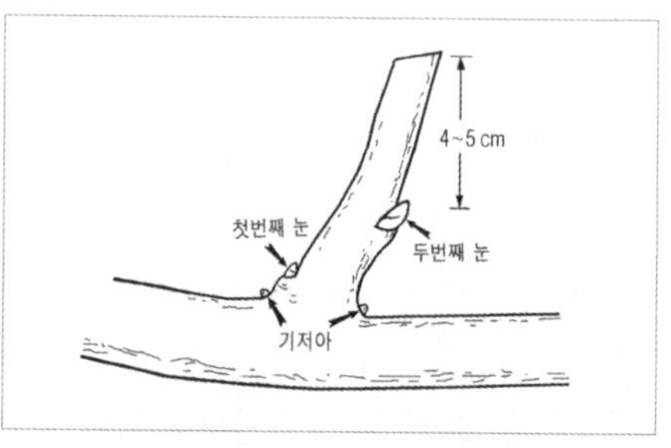

〈그림 2-10〉 단초전정

눈 전정 1~2㎝ 정도 올라가므로 열간거리가 좁은 우리나라에서는
두 눈 전정을 해야 신초가 생장하는 공간이 확보된다. 캠벨얼리 품
종의 첫 번째 눈 위치는 기저아가 좌우에 하나씩 있고, 그 바로 위에
첫 번째 눈이 있으므로 농가에서는 첫 번째 눈 위치를 확인한 후 두
눈 전정하고, 이듬해 전정 시 첫번째 눈에서 발생한 가지를 두 눈 전
정하면 한 눈 전정 효과가 있다. 〈그림 2-10〉

포도 결과모지는 절간과 절간 사이의 조직이 치밀하지 않아 눈에
근접하여 전정하면 건조 등으로 눈이 고사될 수 있으므로 남기고자
하는 눈의 앞 눈을 자르는 희생아 전정으로 눈이 고사되는 것을 방
지할 수 있다.

2 간벌

우리나라 포도 재배는 초기 수량 증대를 위한 밀식재배로 평
균 재식거리가 캠벨얼리 2.4m×2.4m(173주/10a), 거봉 3.6m×
1.8m(156주/10a)임에도 불구하고 나무 세력이 강해지는 재식 4~
5년부터 간벌을 하지 않아 꽃떨이현상, 신초 늦자람 등의 생리장해

로 품질이 저하되고 있다.

또한 수세가 강한 과원에서 꽃떨이현상을 응급적으로 방지하기 위해 개화 전 순지르기를 두 번째 송이부터 3~4매에서 강하게 실시하여 성숙기 본엽 부족으로 품질이 저하된다. 이러한 생리장해를 효율적으로 방지할 수 있는 간벌을 농가에 지속적으로 지도 및 교육해도 농가는 수량이 감소된다는 이유로 간벌을 기피하고 있으나, 간벌 시 주지연장지를 활용해 간벌하면 수량이 감소하지 않는다.

포도나무는 일반적으로 재식 4~5년부터 신초 세력이 강해져 꽃떨이현상 등의 생리장해가 발생되므로 개화기에 꽃떨이현상이 발생된 과원과 발생 우려가 있는 과원은 수확 직후 또는 동계 전정 시 간벌한다.

간벌 방법은 간벌수를 정한 후 인접한 포도나무에서 간벌수 방향으로 생장한 주지 끝쪽의 가지 1개를 주지연장지로 활용하여 간벌하면 수량은 감소하지 않는다. 특히 우리나라처럼 주간거리가 좁은 경우에는 한 번에 주지연장지로 간벌수의 공간을 채울 수 있어 간벌하기 쉽다.

간벌시기는 나무 세력을 판단할 수 있는 수확 직후와 동계 전정 시가 바람직하다. 간벌 후 주지연장지를 곧바로 주지 유인 철선에 수평유인하면 주지연장지의 아래쪽이 갈라질 수 있으므로 주지연장지를 둥글게 유인한 후, 3월 하순경 주지 유인 철선에 주지연장지를 수평유인하여 주간거리를 확대한다〈그림 2-11〉.

캠벨얼리(8년생) 품종이 강한 세력으로 꽃떨이현상이 심하게 발생

〈그림 2-11〉 포도 캠벨얼리 품종 주지 연장지 확보(좌) 및 주간 거리 확대(우)

하여 주지연장지를 활용해 간벌하였다. 동계전정 시 주간거리 2.7m
를 주지연장지를 활용하여 5.4m로 확대하였고, 2월 중순경에 주지
연장지의 위쪽으로 1/3 부분까지 모든 눈에 아상처리를 하였다.

간벌구는 주지연장지에 의해 주간 거리가 5.4m로 확대되었고,
신초수도 55.9개/주로 증가되었다. 수량에 직접적으로 영향을 주
는 신초당 송이 착과율은 간벌구에서 1.75로 나타나 무처리의 0.80
보다 높았다(표 2-1).

표 2-1 포도 캠벨얼리 품종 간벌에 의한 신초수, 송이수 및 착과율 (원예연, '06)

구분	주간거리 (m)	재식주수 (주/10a)	개/주		착과율
			신 초	송 이	
간 벌	5.4	69	55.9	97.6	1.75
무처리	2.7	137	35.1	28.0	0.80

포도나무 간벌 후 신초수는 무처리에서 4,810개/10a였고, 간벌구는 이보다 적은 3,447개/10a로 나타났지만, 간벌구의 착과율이 1.75로 높아 송이수는 간벌구에서 6,032개/10a로 무처리의 3,837개/10a보다 높았다.

또한 평균 송이무게도 간벌구은 착립이 안정되어 394g으로 무처리의 256g보다 높았다. 이와 같이 간벌구의 송이수와 송이무게가 무처리보다 높아 수량이 2,376kg/10a로 무처리의 983kg/10a보다 약 2.7배 높았다(표 2-2).

| 표 2-2 | 포도 캠벨얼리 품종 간벌에 의한 품질 및 수량 | (원예연, '06) |

구분	신초수 (개/10a)	송이수 (개/10a)	송이무게 (g)	과립중 (g)	당 도 (°Bx)	산 도 (%)	수 량 (kg/10a)
간벌구 (5.4m)	3,447	6,032	394	5.3	16.8	0.52	2,376
무처리 (2.7m)	4,810	3,837	256	6.0	16.5	0.53	983

송이무게 분포는 캠벨얼리 품종의 적정 송이무게 하한선 351g 이상 되는 송이 비율이 간벌구 82.2%이고, 무처리 35.7%로 나타나 우량송이 비율이 간벌구에서 높았으며, 무처리는 250g 이하의 불량송이 비율이 53.5%로 상품성이 낮았다. 따라서 수세가 강한 과원은 나무 세력에 맞게 주간거리를 확대하면 우량송이 비율을 높일 수 있다.

표 2-3 포도 캠벨얼리 품종의 간벌에 의한 송이무게 분포율 (원예연, '06)

구분	250g 이하	251~350g	351~450g	451~550g	550g 이상
간 벌	0	17.8	67.8	10.9	3.5
무처리	53.5	10.8	21.4	14.3	0

3 장초전정(하향유인 전정)

동계전정은 생육기 과번무를 고려해 결과모지를 자르는 것이 아니고, 이용가치가 전혀 없는 미숙지, 즉 월동기간에 건조로 고사된 부분만 자르는 약전정을 한다. 약전정을 하면 나무당 눈 수가 많게 되어 뿌리로부터 흡수되는 무기성분과 수분이 눈으로 분배되는 양이 적어 잎에서 합성된 탄수화물 소비량이 적게 되어 C/N율 상승으로 꽃떨이현상을 방지할 수 있다.

이와 반대로 관행적인 동계전정 위주의 강전정을 하면 남아있는 눈에 분배되는 무기성분량이 많아 새가지가 개화기에 왕성하게 생장한다. 새가지가 왕성하게 생장하면 질소 흡수량이 많게 되어 탄수화물을 많이 소모하여 C/N율이 낮아 꽃떨이현상의 원인이 된다. 동계전정 시 남기는 결과모지는 눈이 크고 잘 등숙된 0.5~1.0m 이내의 짧은 결과모지 위주로 하고, 절간장이 길고 강하게 생장된 결과모지는 생육 초기에 새가지가 왕성하게 생장하므로 제거한다. 그러나 왕성하게 생장된 결과모지를 기부부터 솎음전정으로 제거하든지 중간에서 절단전정을 하면 남겨진 눈 수가 적어 새가지가 왕성하게 생장하므로 이러한 결과모지는 수세 조절용으로 덕 아래로 하향 유인한

〈그림 2-12〉 포도 거봉 품종 동계 전정 시 하향 유인 전정(좌) 및 개화기 착과 모습(우)

후 수정이 확인되면 세력을 보아가면서 잘라 버린다〈그림 2-12〉. 세력이 강한 선단부 가지는 덕 아래로 하향유인하고, 마디가 짧고 약한 가지를 주지연장지로 대체하여 수관을 확대해 나가는 것이 바람직하다〈그림 2-12〉.

결과모지가 많아 인접해서 3~4개가 있는 경우 중앙에 위치한 것을 정리하는데 질적으로 불량한 것이 있으면 위치에 관계없이 불량한 가지를 기부부터 잘라 버린다. 그러나 수세가 강한 경우 다소 혼잡하더라도 그대로 남겨서 발아 후 새가지 생장이 왕성하게 생장하지 않도록 수세 조절용으로 이용하고 결실 후 제거한다.

Ⅲ.
결실관리

1. 눈

　포도 눈은 1년생 가지의 각 마디에 있고, 눈 속에는 이듬해 생장할 신초와 꽃송이가 형성되고 완숙되면 인편과 솜털로 덮인다. 또한 한 개의 눈 속에는 주아 1개와 부아 2개가 있는데 하나의 눈처럼 보여 겹눈 또는 단순히 눈이라고 한다〈그림 3-1〉.

　눈은 신초가 생장하는 동안 잎 겨드랑이에 형성되어 자란 것으로 가지의 생장이 정상적으로 이루어질 때는 그대로 눈으로 남아 있지만, 눈 바로 앞 부분이 절단되거나 잎이 지나치게 많이 떨어지면 당년에 발아하여 가지의 역할을 한다.

　곁순은 당년에 눈이 발아한 것으로 신초가 생장하는 동안 자라는데 수세가 안

〈그림 3-1〉 월동기 눈

정된 나무에서는 생장이 정지되어 등숙되지 않고 떨어지지만, 수세
가 강한 경우 곁순이 생장을 계속하여 순지르기에 많은 노동력이
든다.

2. 꽃송이와 꽃 

　포도 꽃송이는 봄에 싹이 터 나온 신초가 50~80㎝로 생장하면
신초의 아래쪽에 1~4개의 꽃송이 시원체가 잎 반대쪽에 분화된다.
꽃송이 시원체는 늦여름까지 생장하다가 그 후 생장을 멈추어 월동
하고, 꽃송이와 덩굴손은 동일한 기관으로 나무 상태가 불안정하면
꽃송이가 덩굴손으로 변한다.

　포도 꽃은 총상원추 꽃차례인데 크기가 지름 4.0~5.0㎜으로 작
고, 꽃의 구조는 5개의 꽃받침 조각으로 된 꽃받침, 녹색을 띤 5개
의 꽃잎이 서로 붙어 하나가 된 꽃부리, 5개의 수술과 1개의 암술로
구성되어 있다. 꽃부리는 개화할 때 밑부분에서 분리되어 떨어지는
데 이때 수술대가 펴지면서 꽃가루가 분산되어 인접한 꽃에 가루받
이가 이루어진다. 포도 꽃은 정상적인 암술과 수술을 다 갖춘 양성
꽃, 수술만 있고 암술은 없거나 생리적으로 기능을 못 하는 수꽃 그
리고 암술은 정상적이지만 수술이 없거나 형태적으로 기능을 갖추
지 못한 암꽃 등 세 가지로 구분된다.

　포도나무는 가지의 마디마다 지난해에 형성된 눈에서 신초가 자라면서 꽃송이가 형성되어 꽃이 피고 포도알이 달린다〈그림 3-2〉. 신초에 송이가 달린 가지를 결과지라 하고 신초가 나온 지난해 가지를 결과모지라고 한다. 따라서 포도나무는 겨울에 전정할 때 사과, 배, 복숭아와 달리 열매가 달리는 결과지를 볼 수가 없으며 결과지가 나오는 결과모지를 전정하게 된다.

　신초에는 2~3개의 꽃송이가 달리는데 품종에 따라 4~5개가 달리는 경우도 있다. 꽃송이의 기원과 발생 위치는 덩굴손과 같아 일반적으로 신초의 셋째 및 넷째 마디에 형성되고 다음 마디는 거르고, 영양상태가 좋으면 여섯째 마디에 다시 생기기도 한다.

　포도 눈은 발아하여 신초가 자라면서 꽃송이가 달리는 혼합아로

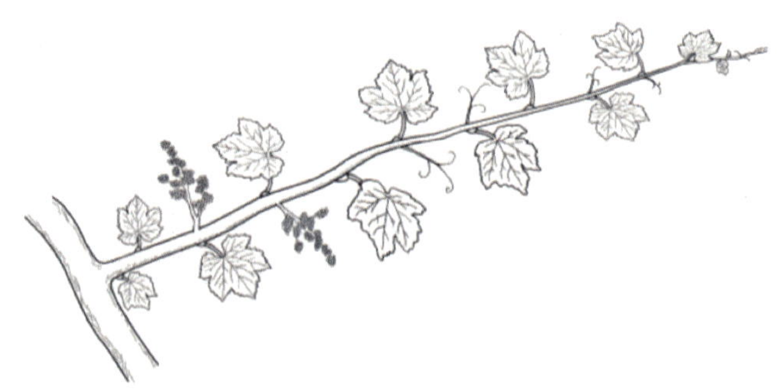

〈그림 3-2〉 신초의 꽃송이 착생 위치

서 화아분화가 매우 쉬워 재식 후 이듬해부터 결실이 가능하고, 그 후에도 수세가 안정되면 꽃떨이현상 없이 매년 결실된다. 그러나 신초가 발생되는 눈은 2년생 가지에만 형성되고 2년생 이상의 가지에는 형성되지 않고, 2년생 이상 가지에서 숨은 눈 또는 부정아가 발아하는 경우도 있으나 대부분 발아 후 고사하거나 신초로 생장해도 꽃송이는 달리지 않는다.

포도나무의 화아분화 시기는 개화 직전으로 신초가 50~80㎝ 정도 생장할 무렵으로 신초 생장에 많은 영양분이 소모되는 시기이므로 웃자라게 되면 화아분화 및 발달이 불량하게 된다. 결과모지의 화아 발달은 품종, 나무 세력 등에 따라 차이가 크며, 일반적으로 캠벨얼리, 탐나라, 홍이슬, 진옥, 청수, 마스캇베일리에이, 델라웨어 등은 결과모지의 첫 번째, 두 번째 눈에서 생장한 가지에서도 꽃송이 형성이 양호하므로 단초전정이 가능하고, 거봉계 품종처럼 결과모지 기부에서 화아 형성이 불량하면 장초전정을 해야 한다.

4. 눈 따기 및 신초 솎기

1 캠벨얼리

봄철 발아기에 한 눈에서 보통 1~2매의 새순이 자라는데 이들은 자라는 방향, 송이 크기 및 착립률 등이 각각 다르다. 이들 외에도 3~4년 묵은 가지 및 주지에서도 숨은 눈이 발아될 수 있는데, 이들 신초는 꽃송이가 없으므로 양분 경합을 피하기 위해 조기에 눈 따기를 한다. 눈 따기는 일시에 하는 것이 아니라 신초 위치, 남겨야 할 신초수, 송이 크기 및 모양 등을 고려하여 2~3회에 걸쳐 실시한다.

신초솎기는 아주 약한 신초, 지나치게 웃자란 신초, 부정아 및 숨은 눈(潛芽)에서 나온 신초 등을 중심으로 제거하고, 눈 따기를 마치고 남은 신초는 꽃떨이현상이 적어 착립이 양호하다.

캠벨얼리 품종의 적정 수량인 2,400kg/10a을 수확하기 위한 적정 신초수는 주지 1.0m당 13개가 필요하므로 유인작업 시 결손되는 신초를 고려해 이보다 20% 정도 더 남기는 것이 바람직하다. 즉 주지 1.0m당 9개의 측지가 형성되고, 결과모지가 9개 형성되므로 이 중 4개의 결과모지에서 신초 2개를 받으면 13개의 신초가 형성된다.

〈그림 3-3〉 캠벨얼리의 적정 신초수

② 거봉계

눈 따기는 6~7월경 신초의 과번무를 방지할 목적으로 생육 초기인 발아 7일 후부터 약 20일까지 하는 중요한 작업이다. 눈 따기 정도는 부아, 부정아를 포함하여 결과모지가 긴 경우 선단에 있는 정아와 결과모지의 굽은 부분에서 발생된 강하게 자라는 신초를 제거한다.

눈 따기는 꽃송이로 양분 전류가 왕성하게 되기 전에 많이 하면 눈 수가 적게 되어 수체 내 영양 균형이 흐트러져 개화기에 신초가 90㎝ 이상 생장하여 불수정의 원인이 될 수 있다〈그림 3-4〉. 따라서 거봉계 품종은 세력이 강한 경우 수관이 다소 복잡해도 눈 따기를 수정한 후 하거나, 결과모지를 하향유인시켜 착립한 후 제거하는 것이 바람직하다. 세력이 강한 결과모지의 선단 눈에서 신초가 강하게 발생하므로 강한 신초부터 차례로 제거하면 남은 신초가 개화기에 세력이 강하게 되므로 주의해야 한다.

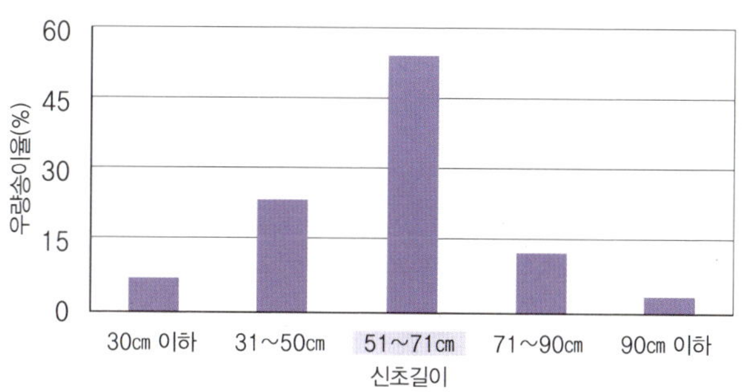

〈그림 3-4〉 거봉 품종의 개화기 신초길이에 따른 우량송이 비율
* 우량송이 : 30립 이상/송이

신초 솎기는 하계전정 작업 중 가장 독자적인 방법으로 눈 따기 시기가 발아기~개화전까지라면 신초 솎기는 착립 후부터 결과모지에서 생장한 결과지, 발육지 등을 제거하는 것이다.

지금까지 신초 솎기는 눈 따기 시기를 놓친 신초를 제거하는 것으로 생각했는데, 수세가 강한 거봉계 품종에서는 이러한 생각을 바꾸어야 한다. 즉, 거봉계 품종은 개화 전 하계전정에 의한 생리적인 영향이 크므로 개화기 신초 길이가 50~70㎝ 정도에서 정지되어 꽃떨이현상을 방지할 수 있는 재배관리가 필요하다.

착립 후에는 동계전정이 약하게 되었으므로 신초 과번무 및 과다 착과를 방지하기 위해 신초를 신속히 제거해야 과립비대와 생장에 좋다. 또한 발육지 주변에 공간이 있으면 일정 엽수 확보를 위해 빈 가지로 남겨 놓고, 이듬해에 결과모지로 활용해도 좋다.

5. 순지르기

1 캠벨얼리

신초를 개화 3~5일 전에 순지르기를 하면 동화양분이 신초 생장에 소모되는 것이 억제되고, 꽃송이로 양분이 이동되어 꽃떨이 현상이 방지되는 매우 중요한 작업이다〈그림 3-5〉. 그러나 개화 전 순지르기를 두 번째 송이에서 3~4매 정도 남기고 강하게 하면 생육 초기 과립비대는 좋지만, 성숙기에 본 잎 부족으로 성숙지연 등의 각종 생리장해 발생의 원인이 된다. 따라서 개화 전 순지르기는 신초 끝부분의 전엽된 잎 바로 아래를 자르면 본 잎을 두 번째 송이에서 8매 정도를 확보하여 성숙기에 본 잎 부족에 의한 성숙지연 등의 생리장해를 방지할 수 있다.

〈그림 3-5〉 신초 순 지르기 위치

착색기 이후에도 신초가 계속 생장하면 순지르기를 약하게 하여 신초 생장을 억제해야 성숙이 촉진되고, 이듬해 결과모지로 사용될 가지의 충실도도 향상된다. 그러나 나무의 수세조절은 순지르기만으로는 조절할 수 없으므로 동계전정 시 품종, 수령 및 토양에 적합한 주간거리가 유지되도록 간벌을 해야 한다.

2 거봉계

거봉계 품종은 캠벨얼리와 달리 영양생장이 지나치게 강할 때 순지르기를 하면 오히려 무핵 과립이 많이 생기므로 주의해야 한다. 특히 개화기의 저온다우 조건에서는 무핵 과립수가 더욱 증가할 수 있으므로 순지르기에 의한 거봉계 품종의 결실률 향상은 매우 어렵다. 결실 후 발육지 또는 결과지가 직선으로 생장하여 주변의 가지와 교차할 때에는 순지르기로 생장 방향을 전환시키는데 주변에 공간이 있으면 부분적으로 순지르기를 해도 상관이 없지만, 공간이 부족하면 곁순 발생에 의해 덕면이 어둡게 되어 광합성 감소, 병해충 등이 발생할 수 있다. 경핵기~착색기의 순지르기는 신초 경화와 함께 엽육(葉肉) 조직을 튼튼하게 하여 병해 발생을 감소시키고, 생장점 수가 증가하여 곁순 생장이 억제되므로 화아 발달이 일어난다. 과립 비대기에 과잉의 무기질소와 수분, 일조 부족에 직면하면 결과지와 발육지가 계속적으로 생장하여 덕면이 어둡게 되므로 순지르기가 필요하고, 순지르기에 의해 화아 발달 및 엽육 경화가 일어난다.

그러나 과립 비대기에도 신초가 강하게 생장하는 것이 좋지 않을 뿐만 아니라 이것을 방지하지 못하면 안 된다. 이러한 신초 생장은 기본적으로 전정과 시비 관계를 감안해야 하고, 현실적으로는 덕면이 어둡게 된 경우 순지르기만으로는 해결이 되지 않고 신초 솎기가 필요가 있다.

6. 송이다듬기 및 송이솎기 

1 캠벨얼리

(1) 송이다듬기

포도는 과립이 밀착되기 쉬워 비대 및 모양이 불량할 뿐만 아니라 열과 발생이 쉽고, 착색이 균일하게 되지 않아 송이다듬기를 해야 한다.

송이다듬기 시기는 개화 후 신속하게 하면 과립비대 및 품질향상 효과가 크므로 착립 여부를 판단할 수 있는 시기부터(포도알이 콩알 크기) 가능한 한 빨리 한다. 송이다듬기 방법은 개화 전에 어깨송이와 상단 2~3번 지경

<그림 3-6> 지경솎기 위치

을 제거하고, 착립 여부를 판단할 수 있는 개화 10일 후부터 3번과 6번 지경을 솎아내고, 큰 송이에 한하여 9번 지경을 솎아낸 후 알솎기와 병행한다<그림 3-6>.

이때 주의할 점은 솎아내는 지경이 같은 방향이면 성숙기에 송이 축이 새우 모양으로 휠 수 있으므로 솎아내는 지경의 방향이 엇갈리도록 한다.

(2) 송이솎기

포도는 다른 과수와 달리 수정 후에는 생리적 낙과가 거의 발생하지 않으므로 송이수를 인위적으로 조절하지 않으면 과다착과로 착색 및 성숙이 불량하게 될 뿐만 아니라 나무 등숙에도 좋지 않다. 즉, 과다착과에 의한 탄수화물 부족으로 꽃눈 분화 및 발달이 불량하여 이듬해 발아 불균일, 꽃떨이현상 등이 나타나게 된다.

따라서 캠벨얼리 품종의 경우 나무 세력, 입지 조건 등에 따라 차

이가 있을 수 있지만, 1.5송이/신초 정도로 송이솎기를 한다. 송이솎기 시기는 이를수록 양분 소모가 적어 좋지만, 품종, 수세 및 기후 등에 의해 꽃떨이현상 발생 정도가 다르므로 개화 후에 주로 실시하고, 최종적인 송이수는 착색 초기에 결정한다. 그러나 착색기에도 과다착과로 착색 진행이 불량하면 송이솎기를 실시한다.

❷ 거봉

(1) 송이다듬기

송이다듬기는 개화 후 가능한 한 일찍 해야 과립 비대에 유리하지만, 씨 없는 포도알이 많이 발생되는 거봉 품종은 착립 여부를 확인할 수 있는 만개 10일 후부터 20일까지 적기이다.

만개 30일이 지나면 과립이 비대되어 가위 사용이 부자연스럽고, 송이 모양도 좋지 않다. 또한 송이다듬기가 지연되면 상품성 판단에 지표가 되는 과분이 잘 발생하지 않으므로 늦어도 만개 30일까지는 해야 한다.

송이다듬기는 신초솎기 및 송이솎기를 할 때 과립수가 40립 전후이고, 적당한 밀도로 착립된 송이를 우선적으로 남기면 한층 더 효과적으로 송이다듬기를 할 수 있다.

(2) 송이솎기

신초솎기는 결과지와 발육지를 동시에 제거하는 것으로 송이가 착과된 결과지도 제거되므로 1차 송이솎기 작업이며, 이때 적정 송이

〈그림 3-7〉 거봉 품종의
송이다듬기

〈그림 3-8〉 거봉 품종의 적정착과량
(32~36송이/10㎡)

수는 10㎡당 60송이 정도이다. 2차 송이솎기는 신초솎기 5일 후 과립이 콩알 크기일 때 10㎡당 45~48송이, 3차 송이솎기는 2차 송이솎기 7~10일 후 10㎡당 32~36송이 정도로 한다. 한편 송이수는 기후, 토질, 송이무게, 신초 발육 상태 등에 따라 달라질 수 있다.

송이솎기는 신초당 0.5송이로 신초 2개당 1송이를 착과시킨다. 송이가 과다착과되면 착색 및 성숙이 지연될 수 있으므로 주의해야 한다. 일부 농가에서 수세가 강한 경우 수세조절을 위해 송이를 과다 착과시키는데 이때에도 착색 초기까지는 적정 송이수로 조절해야 정상적으로 성숙된 자흑색 거봉 포도를 생산할 수 있다.

IV.
무핵재배기술

포도에 지베렐린을 처리하여 유핵포도를 단위결과시켜 무핵포도를 생산하는 기술이다. 일본에서 1950년대 후반에 개발되어 1960년대에 실용화되었고, 우리나라에서도 하우스 재배농가를 중심으로 무핵재배가 실용화되었다.

1. 생장조절제 처리기술 

1 델라웨어

포도 델라웨어 품종의 지베렐린 처리효과는 송이축 신장, 조기 개화, 무핵과 및 과립비대 등으로 구분할 수 있다. 이 가운데 송이축 신장, 조기 개화, 무핵과는 개화전 처리에 의한 효과이고, 과립 비대는 만개 후 처리에 의한 효과이다. 또한, 지베렐린 처리는 수확시기를 16일 정도 앞당길 수 있는 이점도 있다.

○ **처리시기**

개화전 지베렐린 처리로 거의 100%의 무핵과립이 되는데, 처리시기는 온도 등의 영향에 따라 다소 차이가 있으나 대개 만개 14일전으로 이 시기에 처리하면 개화도 2~3일 정도 앞당겨진다. 꽃송이 생장은 처리시기가 이르면 이를수록 생장되고, 유핵과 혼입률은 처리시기가 늦으면 늦을수록 높아지는 경향이다. 상품성이 높은 송이를 생산하기 위해서는 송이축 1㎝당 7~9립이 좋고, 개화 후 지베렐린 처리는 과립비대가 목적으로 처리적기는 비교적 늦어 만개 14일 후에 처리한다.

○ **처리농도와 방법**

개화전 및 개화후에 지베렐린 농도는 100ppm 적당하고, 지베렐린 50ppm의 저농도에서도 꽃송이 생육 정도나 기상조건이 양호하다면 100ppm 처리와 동일한 효과를 나타내지만, 효과가 불안정하여 실용적이 아니다. 또한 지베렐린 농도를 200~300ppm으로 높여도 효과는 있으나 100ppm과 큰 차이가 없어 비경제적이다. 지베렐린 처리시간은 10a당 개화전 1차 처리는 12시간, 개화후 2차 처리는 약 20시간 소요되므로 살포처리에 의한 생력화를 생각할 수 있으나 살포효과가 불안정하므로 실용화는 곤란하다.

○ **지베렐린 처리 시 기상조건과 생장반응**

지베렐린 처리 후 강우 또는 처리 시 건조하면 송이에 지베렐린이 부착되지만, 침투가 불충분하여 효과는 떨어진다. 강우량에 따라 다르지만, 처리 후 24시간 이내 강우 또는 처리 시 상대습도가 30% 이하이면 유핵과 혼입, 송이축 신장 및 과립비대 불량 등으로 고품질 포도 생산이 어려운 경우가 많다. 이와 같은 경우에는 지베렐린 75ppm 기준으로 조기에 재처리한다.

○ **처리적기 파악**

지베렐린 처리시기를 정확하게 파악하는 것은 무핵포도의 안정적인 생산을 위해 중요하고, 개화전 처리시기는 만개 12~16일 전이므로 만개일 또는 처리적기를 사전에 예측해야 한다. 지베렐린 처리적기를 판단하는 기준은 ① 꽃봉오리 색깔이 녹색에서 황녹색으로 변하고, 어깨송이가 송이축에 대하여 직각을 이루는 시기 ② 전엽수나 화분립의 발육 정도에서 평균 전엽수가 9.5매에 도달하면 처리적기 초기이다〈그림 4-1〉. 이상의 적기 판정방법은 수세의 강약이나 생육 불균일, 개체 간 차이에 의해 다소 변동이 있으므로 종합적인 관점에서 판단한다.

○ **적기처리가 불가능할 경우 대응책**

지베렐린 처리 직후 강우 및 건조 등은 재처리로 대응할 수 있고, 처리시기가 지연된 경우에는 스트렙토마이신 200ppm을 지베렐

〈그림 4-1〉 지베렐린 1차 처리 시기 델라웨어(좌), 거봉(우)

린에 혼용하는 방법도 있다. 그러나 이 방법을 사용해도 만개 예정 1주일 전이 한계이고, 그 이후 처리하면 무핵과율이나 송이무게가 떨어진다. 유핵과와 달리 지베렐린 처리에 의한 무핵과는 종자와 과육 간의 양분 경합이 없어 송이에 양분을 충분히 공급할 수 있어 착과가 안정적이지만, 지베렐린 처리가 이른 경우에는 착과가 불안정하다.

포도는 다수의 포도알이 모여 하나의 송이를 형성하므로 고품질 송이를 생산하기 위해서는 착립 확보가 중요하다. 개화 결실기에 주간 25℃, 야간 12℃ 이상의 고온 또는 일조 부족은 가지와 송이 간에 양분 경합을 일으켜 착과 불량의 원인이 된다. 대책으로는 개화 결실기의 신초 생장을 억제하는 것이 중요하고, 이를 위해 개화 전 신초나 부초를 순지르기 한다.

2 거봉

  포도알이 큰 거봉 품종은 지베렐린 등의 생장조절제 처리에 의해 유핵포도를 무핵포도로 생산하는 기술이 실용화되었고, 특히 거봉 품종은 꽃떨이현상에 대한 우려가 없으면서 포도알이 유핵재배보다 상대적으로 크고, 재배기술도 비교적 쉬워 재배면적이 증가되고 있다.

○ 개화전 꽃송이다듬기

  거봉 품종 무핵재배 시 노동력이 많이 소요되는 작업 중 하나인 송이다듬기를 효율적으로 하기 위해 개화전 꽃송이를 3㎝로 조절한다. 즉, 지베렐린 처리 여부를 확인할 수 있는 지경을 송이의 중간부분에 두 개 남겨 놓고, 꽃송이의 아래쪽을 3㎝만 남겨 놓고 모든 지경을 제거한다. 개화전 꽃송이 길이가 3㎝이면 1차 지베렐린 처리 후 송이당 과립수가 약 38개이고, 송이무게도 523g으로 적당하다.

표 4-1　포도 거봉 품종의 개화전 꽃송이 길이별 송이 특성

(원예원, '09)

꽃송이 길이 (cm)	송이길이 (cm)	송이축 생장량 (cm)	과립수 (개/송이)	과립수 (개/cm)	송이무게 (g)
3.0cm	12.0	9.0	37.6	3.1	523
4.0cm	13.4	9.4	52.2	650	0.80
5.0cm	15.3	10.3	57.6	3.7	765
6.0cm	16.7	10.7	60.6	3.6	820

※ 성숙기 과립중 : 13.8g
※ 1차 생장조절제 처리농도 : GA 25.0ppm+TDZ 1.0ppm
※ 조사일 : 6월 17일

〈개화전〉 　　　　　 〈1차 생장조절제 처리 14일 후〉

※ 조사일 : 6월 17일

〈그림 4-2〉 거봉 품종의 개화전 꽃송이다듬기 모습

또한 송이축 길이는 1차 지베렐린 처리 14일 후에 모든 처리구에서 9~10㎝ 정도 생장한다(표 4-1) 〈그림 4-2〉.

○ **생장조절제 농도**

거봉 품종 1차 지베렐린 처리 시 적정농도는 GA 25.0ppp+TDZ 1~2ppm이 적당하고, 만약 TDZ의 농도가 2ppm보다 높으면 과다 착립으로 송이다듬기에 많은 노동력이 소요되어 바람직하지 않다.

송이축 비대는 지베렐린 단용 처리에서는 농도에 따른 차이가 없으나, TDZ를 혼용 처리하면 지베렐린 단용 처리구보다 송이축이 비대된다〈그림 4-3〉. 또한 착립수는 지베렐린 단용 처리구인 12.5ppm과 25.0ppm 모두 송이당 25~28개로 나타나 상품성이 낮았고, TDZ 1.0~2.0ppm 혼용 처리구는 송이당 착립수가 46~48

개로 증가하였으며, TDZ 5.0ppm 혼용 처리구는 송이당 과립수가 60개 정도로 과다 착립되었다(표 4-2). 따라서 무핵재배에서 착립 수는 지베렐린 농도에 의해 좌우되는 것이 아니고, TDZ 농도에 의해 결정된다.

○ 생장조절제 처리시기

거봉 품종의 생장조절제 처리시기는 델라웨어 품종과 달리 1차 처리시기가 꽃이 100% 핀 상태이고, 2차 처리시기는 1차 처리 후 10~14일 후이다. 1차 생장조절제를 너무 일찍 처리하면 송이축이 이상 생장하여 상품성이 떨어지고, 너무 늦게 처리하면 유핵과 혼입되므로 주의한다.

생장조절제 1차 처리기간이 좁으므로 가온재배 포도원은 1~2일 간격으로 5회 이상 순회하면서 처리하고, 무가온재배 또는 비가림재 배에서는 3회 정도 순회하여 처리한다. 그러나 2차 생장조절제 처리 기간은 넓어 2~3회 정도로 마칠 수도 있다.

〈그림 4-3〉 포도 대립계 품종의 생장조절제 처리시기

표 4-2 거봉 품종의 개화전 송이 길이별 송이 특성 및 품질

(원예원, '09)

꽃송이 길이 (cm)	과립중 (g)	과립수 (개/송이)	송이무게 (g)	당 도 (°Bx)	산 도 (%)	과 피 색		
						L	a	b
3.0cm	13.8	35.3	487	19.1	0.52	22.4	3.6	0.43
4.0cm	14.1	41.2	580	19.4	0.58	24.5	4.1	−0.2
5.0cm	13.5	54.6	737	17.8	0.69	27.4	7.4	1.0
6.0cm	14.3	58.7	839	18.1	0.72	28.5	7.5	0.5

※ 생장조절제 처리농도 : GA 25.0ppm+TDZ 1.0ppm

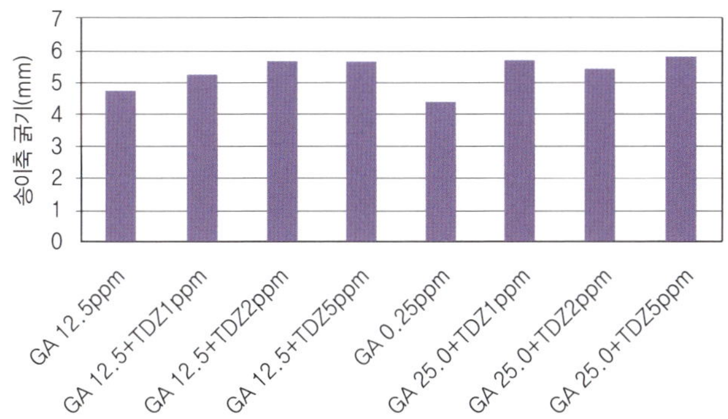

〈그림 4-4〉 거봉 품종의 생장조절제 농도별 송이축 굵기 변화(원예원, '09)

○ 생장조절제 처리에 따른 품질 변화

개화전 꽃송이 길이 3.0㎝이면 송이당 과립수가 약 35개로 송이 무게는 487g이고, 당도는 19.1°Bx로 높았으며, 과피 색깔도 L 값이 25 미만이고, a와 b 값이 0에 근접하여 자흑색으로 착색되어 개화전 적정 꽃송이 길이로 되었다. 꽃송이 길이가 5.0㎝, 6.0㎝에서는 Hunter a값이 5 이상으로 높게 나타나 과피에 붉은색이 남아 있

었고, 당도도 낮아 상품성이 떨어졌다(표 4-2).

3 마스캇베일리에이

마스캇베일리에이의 지베렐린 처리방법은 델라웨어와 기본적으로 유사하지만, 지베렐린 단용처리로는 완전한 무핵송이를 생산하기 어렵다. 처리적기는 만개 10~15일 전이지만, 무핵과율을 높이려면 조기에 처리하고, 착과율을 높이려면 늦은 시기가 적기이다.

처리시기 기준은 꽃봉오리 색이 엷고, 꽃송이 선단이 쭉 펴지고, 전엽수가 10~11매 정도가 적기이고, 꽃송이 위쪽의 어깨송이가 송이축과 직각되는 시기이다. 개화전 지베렐린 처리 시 스트렙토마이신 200ppm을 혼용하면 100% 무핵과 생산이 가능하고, 개화 후 지베렐린 처리는 만개 10~15일 후 100ppm으로 처리한다.

4 청수

포도 청수 품종은 국립원예특작과학원에서 시벨 9110에 힘로드를 교배하여 육성한 품종으로서 1993년 최종 선발되었다. 수세는 강하고 신초가 굵으면서 절간 길이가 캠벨얼리 품종에 비해 긴 편이다. 수확시기는 중부지방을 기준으로 8월 하순이고, 당도가 16~17°Bx로서 식미는 우수한 편이지만, 산미가 다소 높은 편이다.

과립중은 3.1g이지만, 만개 10~14일 후 지베렐린 100ppm을 처리하면 4.3g 전·후로 키울 수 있어 상품성이 향상된다. 그러나 지베렐린 농도를 200ppm 또는 과립비대제를 혼용처리하면 과립중이 5g

이상으로 비대하지만, 성숙불량이 될 수 있으므로 주의한다. 또한 포도나무에서 너무 과숙되면 탈립현상이 나타나 유통기간을 고려하여 수확하는 것이 바람직하다.

2. 지베렐린 처리 시 유의사항 

지베렐린 용액을 만들 때 pH가 6 이상이면 효력이 떨어지므로 지하수나 수돗물을 이용하여 만들고, 이와 같이 만든 용액은 pH가 5.5이지만 용액을 오래두면 pH가 상승하므로 장기간 보관하는 것은 좋지 않다.

지베렐린 처리 직후 알칼리성 농약을 살포하면 약효가 떨어지므로 지베렐린을 1차 처리할 때 처리 5일 전부터 처리 2일 후까지 보드도액 등과 같은 알칼리성 농약은 살포하지 않는다.

지베렐린이 처리된 후 충분히 흡수되는데 24시간 정도 걸리므로 처리 후 24시간 내 비가 내리면 약액이 유실되어 씨가 남아 있거나 포도알이 정상적으로 비대되지 않는다. 또한 건조한 기후가 계속되거나 30℃ 이상의 고온, 10℃ 이하의 저온 상태에서도 지베렐린이 잘 흡수되지 않으므로 온도 15~25℃ 정도, 습도 50% 이상일 때 처리하는 것이 좋다.

또한 고온 또는 다습 등의 기상조건에서는 녹과가 발생될 수 있으므로 주의해야 하고 녹과 발생 형태는 30℃ 이상의 고온에서는 약액이 빠르게 건조되어 원형의 녹과가 발생되고, 습도가 80% 이상 되는 다습 조건에서는 약액의 건조가 지연되어 부정형의 녹과가 발생될 수 있다

〈그림 4-4〉. 따라서 지베렐린 처리 시 고온 다습한 기상 조건에서는 처리시기를 연기하는 것이 바람직하다.

〈그림 4-4〉 녹과 발생 형태, 원형(좌), 부정형(우)

V.
토양관리

1. 포도와 토양

　포도나무 생육을 적절히 유지하고 고품질의 포도를 매년 균일하게 수확하려면 나무의 생장주기에 따른 시비량 조절, 기상과 시비와의 관계, 주요 비료 성분별 작용, 시비시기 및 방법, 토양관리, 관수 및 배수 등이 잘 이루어져야 한다. 포도의 토양 적응력은 습해와 건조에도 비교적 강한 과수로 토심은 40~50㎝ 정도 되어도 생육이 잘되는 과수 중에는 비교적 천근성이며 토성은 사양토 또는 양토에서 생육이 잘되어 토양 적응성 범위가 넓다.

1 물리적 요인

　흙의 특성에 따른 신초 생장은 사양토에서 가장 좋으나 식양토까지 재배가 잘되며 사질이 많을수록 생장은 억제되나 품질이 좋고, 점질이 많을수록 생장은 많으나 품질이 떨어진다. 흙이 부드럽고 기상이 많아 흙이 가벼운 곳에서 뿌리의 생육이 좋아진다. 따라서 땅이 단단할 때는 짚, 퇴비 등 유기물을 시용하여 전용적 밀도가 낮게 개량하여야 한다.

포도가 정상적으로 생육을 할 때 토양 내 산소 농도는 7%로 복숭아와 비슷하고 고사농도는 0.5% 이하로 통기성이 불량한 곳에서도 잘 견디지만, 배수가 잘 되어 통기성이 좋아야만 고품질 포도를 생산할 수 있다. 따라서 논전환 포도원은 배수를 철저히 해야 한다.

❷ 화학적 요인

포도나무의 생육은 pH와 밀접한 관련이 있는데 유럽종은 염기가 풍부한 곳에서 잘 자라고 미국 동북지방에서 육성된 델라웨어는 생육 범위가 비교적 넓다.

염기 유실이 많은 우리나라에서 유럽종 포도를 재배하기 위해서는 석회 시용에 신경을 써야 한다. 토양이 산성일 수록 당함량이 낮고 산은 높아진다. 특히, 포도는 석회포화도가 높은 작물로 석회포화도가 60% 이상에서 수량이 가장 높고 산도는 가장 낮으며 당도는 가장 높았다. 그러나 우리나라의 토양은 기후적으로 여름 장마기에 염기(석회, 마그네슘, 칼륨) 용탈이 심하여 석회 포화도를 60% 이상 유지하기가 매우 어렵다. 따라서 석회나 고토석회 시용을 잊지 말아야 한다.

1 청경법(淸耕法)

청경법(Clean culture)이란 과수원에 풀이 자라지 않도록 관리하여 언제나 나지(裸地)상태로 유지하는 방법을 말한다. 청경법은 초생이 없으므로 양분 및 수분의 쟁탈이 없고, 토양 표면에 방해물이 없기 때문에 약제살포, 적방이나 적립 등의 작업이 편리하며, 병해충의 잠복 장소를 제공하지 않는 등의 이점이 있다.

그러나 토양을 나지상태로 관리하기 때문에 경사지에서는 토양의 침식이 심하여 경토와 그 속에 함유되어 있는 비료분이 빗물과 함께 유실되기 쉽다. 토양의 입단구조가 파괴되기 쉬우며, 빗방울에 의하여 표토가 굳고 지온의 교차가 심하여 여름의 고온기에는 지표 가까이의 토양온도가 높아져 과수의 뿌리에 장애를 끼치는 경우가 있다.

2 초생법(草生法)

초생법(Sod culture)이란 1년생 또는 다년생의 목초를 인위적으로 재배하거나, 자연적으로 성장한 잡초를 그대로 이용하는 방법을 말한다. 초생법은 토양을 입단화하고 토양침식을 방지하며, 노력을 경감시키고 지온의 과도한 상승 및 저하를 감소시킨다. 강우 직후에도 농기계의 포장내 운행을 편리하게 하는 등의 이점이 있다.

그러나 풀은 뿌리로부터 수분을 흡수하여 이것을 잎에서 증산시키므로 경토가 얕은 토양에서나 건조가 심한 토양에서는 나무와 풀 사이에 서로 수분 쟁탈이 일어나게 된다. 그러므로 풀의 지상부를 자주 베어 엽면적을 작게 유지시켜 토양 내 수분의 감소를 현저히 억제할 수 있다. 또한 과수와 풀 간에 양분의 쟁탈이 일어나는데, 그중에서도 가장 중요한 것은 토양중의 질산태 질소량이 감소된다는 점이다.

초생법으로 관리를 할 경우 풀의 종류는 나무그늘이 있어도 잘 자라고 건물 생산량이 그다지 감소되지 않으며 뿌리가 너무 깊지 않은 것들을 선택하는 것이 좋다.

〈그림 5-1〉 청경재배

〈그림 5-2〉 초생재배(호밀)

〈그림 5-3〉 검정비닐 피복

〈그림 5-4〉 초생재배(들묵새)

 멀칭법

　멀칭법(mulchimg)이란 볏짚, 밀짚, 풀, 왕겨, 톱밥, 비닐, 부직
포 등으로 토양의 표면의 덮어주는 방법을 말한다. 토양조건이 좋
지 못하여 뿌리의 분포가 얕은 곳에서는 특히 멀칭을 하는 것이 효
과가 크다. 이와 같은 멀칭법은 토양침식을 방지하고, 토양수분을
보존하며, 토양을 입단화시키고 비료분을 공급하는 등의 효과가 있
다. 그 밖에도 멀칭은 토양이 굳어지는 것을 현저히 억제하여 토양
내 통기성이 좋아지고, 제초 노력을 절감시킨다.

3. 수분관리 

　포도는 내건성 및 내습성이 강한 과종이지만, 생육기간 중에 수
분이 부족하면 광합성이 저해되어 가지의 신장이 나빠지고 이상낙
엽 현상이 일어나는 등의 피해를 입어 수량이 감소되며, 당도가 떨어
진다. 성숙기에 수분이 적절히 공급되면 성숙이 좋고 당도도 증가
하고 과립중이 증가하여 품질이 상승된다.

　포도원의 관수방법은 점적관수 방법이 좋으며, 특히 사질토양,
토심이 얕은 땅, 또 보수력이 없는 사질토양은 생육기 중에 건조하
면, 조기낙엽, 성숙장해, 열과 등에 장해를 입어 적절한 수분관리가
필요하다.

1 관수방법

관수방법은 어떤 한 가지 방법이 절대적으로 좋은 것은 아니며
토성과 지형에 따라 또는 수원(水源)의 양과 수질에 따라 다르게
선택될 수 있다. 그러므로 각각의 장·단점을 정확히 이해하는 것이
가장 중요하다.

(1) 점적관수

점적관수는 지형에 관계없이 양토~식양토의 토성에 적합하며 관
리체계는 소규모로 관리하는 것이 유리하다. 지형의 높낮이가 있을
때는 압력보상형 점적핀을 사용하여야 상부와 하부의 관수량이 같
으며 사양토 또는 사토에 가까울 때는 관수되는 부위가 적어 효과
가 떨어진다.

따라서 사질 토양에서 점적관수를 할 때는 일시에 장시간 관수하
는 것을 피하고 같은 시간이라도 관수 시간을 나누어 주면 지하에
서 물이 분산되는 면적을 넓게 할 수 있다. 즉 10시간을 한 번에 주
지 말고 2~3시간으로 나누어 3~5회 관수를 하면 관수되는 면적이
넓어진다.

(2) 살수관수

살수관수는 스프링클러와 같이 수관 상부에 주는 방법과 수관
하부에 살수하는 방법이 있다. 수관 상부 관수방법은 물 소비량이
많으며 과수원 내부의 습도도 높고 잎에 직접 닿으므로 여러 가지로

나무에는 좋지 않은 점이 많다.

　수하식 살수방법은 과수원 조건에 따라 이용할 수 있는데 덕이나 지지줄이 있는 특별한 과수원에서만 적용이 가능하다. 사질이 많은 토양에서 물이 토양에서 분산되지 않고 수직으로 흘러내리는 경우 주로 이용한다.

2 관수량 산정

　농가에서 물을 줄 때 일정한 면적에 필요한 물량을 주는지, 아니면 과잉 또는 부족한 지를 아는 것은 대단히 중요하다. 물이란 부족할 때보다 과잉되었을 때 문제가 더욱 크기 때문에 적량을 공급한다는 것은 중요하다. 따라서 토양수분함량을 계산하는 방법 또는 토양수분 함량을 감지하는 방법을 아는 것이 필요하다.

(1) 토양수분 함량을 기준으로 한 관수량 계산법

　관수량을 산출하는 방법은 적정한 토양수분을 기준으로 현재의 토양수분 함량이 얼마인지를 알아내어 그 차이만큼 관수를 하면 된다.

　예를 들어 과수원 1,000㎡을 기준으로 관수할 토심을 30㎝로 생각한다면 관수량은 면적 × 관수 토심 × 목표하는 토양수분 함량[적정수분 함량(%) - 현재 토양수분 함량(%)/100]으로 면적을 1000㎡, 토심을 30㎝, 적정수분 함량을 25%, 현재의 수분 함량을 15%이라면 1000㎡ × 0.3m × 0.1=30㎥으로 계산(전용적 밀도 1로 가정)되어 1,000㎡에 30톤이 필요하다는 것을 알 수 있다. 이와 같은 관수량을 아는 것이 중요한 이유는 전체 관수되는 물량을 정확히 모를 경우 물 부족 또는 과잉 관수가 되어 침수피해를 받거나 물이 부족한 경우가 발생할 수 있기 때문이다.

(2) 작물의 증발산을 고려한 계산법

작물을 기준으로 한 관수량 계산은 넓은 면적을 관수할 때 주로 쓰는 방법으로 일정한 면적에서 작물이 흡수하고 토양에서 대기 중으로 날아가는 양을 계산하는 것이다.

증발산량은 시기적으로 작물에 따라 다르나 대략적으로 날씨가 좋을 때를 기준으로 하여 하루에 3~4월 2~3㎜ 정도, 5~6월에 3~5㎜ 정도, 6~8월에 5~6㎜ 정도 증발산이 되는 것으로 알려져 있으므로 이 양을 관수하면 된다. 많은 교재에서 7~10일 비가 오지 않으면 25~35㎜ 물을 주게 되어 있는 것도 이 기준으로 한 것이다. 여기서 ㎜는 비가 내려 쌓이는 두께를 나타냄으로 면적에 따라 관수량이 다르게 되는데 1,000㎡에 1㎜가 1톤의 물량을 나타낸다.

(3) 토양수분 감응센서를 이용한 자동관수 시스템

포장에서 토양수분함량을 계산하는 것도 불편하고 작물의 증발산량을 이용하는 것도 어렵다고 생각되기 때문에 토양수분 함량을 감지하여 자동으로 관수를 조절할 수 있는 시스템이 이용된다. 이 방법은 토양에 토양수분 감응센서를 묻어두고 일정한 수치를 맞추어 놓으면 토양수분 함량에 따라 자동으로 관수가 이루어지는 방법이다.

3 관수 효과

관수는 모든 작물재배에서 어떤 작업보다도 생산성과 품질에 미치는 효과가 월등하다는 것이 입증되었으며, 물 공급이 원활하지 않을 때는 생산성이 떨어짐과 동시에 열과, 영양장해 등의 각종 생리장해가 발생하게 된다. 그러나 관수를 할 때 배수 상태가 좋지 못하여 관수된 물이 지하에 남게 되면 침수 상태가 되어 치명적인 피해를 받게 된다. 따라서 관수와 배수가 동시에 고려되어야 한다.

〈그림 5-5〉 점적관수 장치

〈그림 5-6〉 스프링클러 관수 장치

〈그림 5-7〉 토양수분 측정 장치

〈그림 5-8〉 지하수 임시 저장 후 관수

(1) 목적

암거배수는 습한 밭의 배수와는 달리 과비에 의하여 발생되는 염류집적을 줄일 목적으로 이용되나 초기에 설치비용이 많이 드는 문제점이 있다. 그래서 최근에는 심토파쇄를 하여 토양의 배수 능력을 높이고 근권을 확대하여 염류집적 피해를 줄이는 방법이 실용화되고 있다.

(2) 방법

① 암거배수

암거 시설은 지형이나 토성, 하우스의 형태에 따라 다르겠지만 일반적으로 암거 간격은 2~3m이며, 깊이는 50~60㎝ 내외로 설치하면 된다. 배수되는 물의 흐름을 좋게 하기 위하여 50m당 20㎝ 내외의 경사를 두며 암거관은 100㎜ 유공관이면 충분하다. 배수관의 끝부분은 집수구를 설치하여 배수되는 물을 모아 외부로 배출할 수

〈그림 5-9〉 암거 배수 작업

〈그림 5-10〉 폭기식 심토 파쇄기

있도록 모터를 설치하는 것이 좋다. 이때 주의할 점은 암거관으로 과도하게 배수가 되면 관수 효과가 떨어져 관수되는 물량이 적으면 물 부족 증상이 나타날 수 있다. 필요 이상으로 배수량이 많으면 유실되는 비료량도 많아지기 때문에 손실되는 양을 감안하여 시비를 하여야 한다.

② 심토파쇄

염류집적을 줄이기 위한 심토파쇄는 토양의 공극률을 높여 배수를 촉진하여 물의 흐름이 좋아 염류집적이 경감되는 방식이다. 심토파쇄는 견인식 파쇄기와 폭기식 심토파쇄기가 있으며 토양수분함량 즉, 배수 정도에는 차이가 크지 않다.

4. 시비관리

1 시비량 결정에 영향을 미치는 요인

(1) 토양조건

질흙 땅의 토양표층은 보수력과 보비력이 높아 유리하나, 하층으로 내려갈수록 배수가 불량하여 뿌리가 깊게 들어가지 못한다. 모래땅의 경우는 질흙 성분이 적어 배수는 잘 되지만 보비력이 떨어지기 때문에, 질흙 땅에 비하여 시비량을 늘리고 비료는 나누어 주며 보비력을 높이기 위하여 퇴비를 반드시 주어야 한다.

비옥지에서는 포도나무를 심은 후 수년간 수세가 안정될 때까지 질소비료를 주지 말고, 오히려 초생재배를 하여 토양질소를 감소시키는 것이 좋다. 토양의 수분이 적으면 비료의 효과가 더디게 나타나고 토양의 수분이 많으면 조기에 그리고 강하게 나타난다.

(2) 품 종

캠벨얼리는 유목기에 수세가 왕성하나 풍산성이어서 수세의 안정이 빠르므로 수세 안정 후에는 시비량을 델라웨어보다 많게 하는 것이 좋다. 거봉은 질소비료에 특히 민감하여 질소 성분이 너무 많으면 꽃떨이나 착색불량 현상이 심하다. 이런 현상은 부식질이 많은 논에 개원한 과원에서 더욱 심하므로 비옥한 토양에서는 수세가 안정될 때까지 질소질 비료를 시용하지 말고 수세가 안정된 후 결실량과 수세를 보아가면서 질소를 시용한다.

(3) 전정의 정도

강전정을 하면 남은 눈 수가 적어져 남은 눈에 대한 양분 공급량이 지나치게 많아 새가지가 웃자란다. 반대로, 너무 약전정을 하면 눈 수가 많아 남은 눈에 대한 양분 공급량이 적어지므로 새가지 생장이 불량하게 된다. 따라서 약전정을 한 나무는 생육초기부터 양분의 필요량이 많기 때문에 이 시기에 비료분이 충분히 흡수되도록 시비량을 늘려 주어야 하고 반대로, 강전정한 나무에는 시비를 하지 않거나 시비량을 줄여준다.

2 시비량

(1) 기준 시비량

캠벨얼리 품종의 기준 시비량은, 성과원에서 10a당 질소 13~18kg, 칼륨 10~15kg이지만 실제 시비량은 각 농가의 포도원에 따라 토양 조건, 나무의 생장상태, 결실량, 품종 등을 고려하여 조정해야 한다.

시비량을 조절함에 있어 가장 기본이 되는 것은 질소이다. 질소는 생장과 결실에 가장 중요한 성분일 뿐만 아니라, 과부족에 따라 포도나무에 미치는 영향이 가장 크기 때문이다. 질소의 기준 시비량이 결정되면 인산과 칼륨은 이에 준하여 평행적으로 조정해 주면 된다. 대체로 질소 10에 대해 인산은 7~8, 칼륨은 9~10 정도이다. 질소의 과부족상태는 새가지 및 잎의 생장상태, 즉 나무의 세력을 보아 비교적 쉽게 판단할 수 있다.

(2) 실제 시비량

시비량은 토양조건, 품종, 수세, 전정강도, 작형에 따라 달라지고 그 밖에 수령, 단위면적당 재식수주, 결실상태, 기상 등의 조건에 따라서 달라진다.

따라서 실제시비량을 결정할 때는 연구기관에서 각종 비료시험 결과를 토대로 하여 결정한 시비량을 기준으로 하여 재배자의 경험을 살려 나무의 영양상태와 결실상태를 살피면서 시비량을 가감하는 것이 제일 좋은 방법이라 할 수 있다.

3 시비시기

시용한 거름이 분해되어 뿌리가 흡수할 수 있는 상태로 되는데 소요되는 시일은 속효성 거름이라도 최소 2주~3주일은 걸린다. 따라서 필요로 하는 시기 이전에 충분히 시용되어 있어야 한다. 포도의 시비 시기는 일반 낙엽과수와 대체로 같다. 생육에 따라 밑거름, 덧거름, 및 가을거름(수확 후 거름)으로 나뉜다.

(1) 밑거름

밑거름을 주는 목적은 생육초기의 양분 전환기부터 성숙기에 걸쳐 비효를 지속시키기 위한 것이다. 밑거름용 비료는 유기질이 포함된 것이 좋고, 특히 토양이 척박한 과수원이나 나무의 세력이 약한 과수원에서는 유기질 비료를 중심으로 시용하는 것이 좋다.

밑거름은 휴면기 직전부터 휴면기간 중에 주는 것이 일반적이지만, 작형의 빠르고 늦음에 따라 시용시기를 조절할 필요가 있다. 또한, 토양의 종류, 기상조건 등도 고려하는 것이 중요하다. 우리나라와 같이 겨울철 강수량이 적은 지대에서는 비료분의 유실이 적은 반면, 흡수도 늦어지기 때문에 12월 이전에 시용하는 편이 좋다. 밑거름으로서의 질소질 비료의 효과는 발아 후 새가지의 생장이 왕성한 시기까지 나타나게 하는 것이 좋으므로 주로 속효성 거름을 시용하고, 일부 지효성 거름을 쓰는 것이 좋으며 시비량은 연간 시용량의 60~70%이다.

인산은 이동이 적고 불용화 되기 쉬워 뿌리 가까이에 시용해야 하므로 퇴비와 함께 전량을 밑거름으로 시용한다. 칼륨은 생육초기에는 요구도가 적으며 수체 내에 저장되어 있는 것만으로도 충분하다. 따라서 밑거름으로는 연간 시용량의 50%를 준다.

(2) 덧거름

우리나라의 강우는 대부분이 6~8월에 몰려있어 토양 침식에 의하여 질소 및 칼륨의 손실이 많다. 그리고 6~7월의 장마기는 새가지 및 과실의 생장이 가장 왕성한 시기로서 흡수량도 급격히 증가하므로 부족되기 쉬운 성분을 덧거름으로 시용해야 한다.

토양이 비옥하다면 덧거름은 필요 없지만, 모래땅이나 새로 개간한 과수원과 같은 척박한 토양에서는 비료분이 부족하기 쉽기 때문에 생육을 보아가면서 덧거름을 줄 것인지를 빨리 판단하는 것이 중요하다. 덧거름의 필요여부 판단은 개화할 때 새가지의 길이, 잎의 크기, 잎의 무게 등을 관찰하여 결정하는데 그중에서도 새가지의 신장상태를 기준으로 결정하는 것이 편리하다.

(3) 가을거름(수확 후 거름)

포도나무는 다른 과수와 마찬가지로 이른 봄 각 기관이 생장하기 시작할 때는 토양으로부터 충분히 영양분을 흡수할 수 없고, 잎이 없어 자체 동화능력도 없으므로 초기생장은 전년도에 축적된 저장양분을 이용하여 자란다. 따라서 저장양분이 충분하여야 초기 생장 및 결실이 좋아진다.

수확한 나무에 거름을 주면 가을뿌리 발생을 촉진시켜 토양의 양분흡수를 원활하게 하고 노화된 잎의 광합성 능력을 높여 결과적으로 저장양분 축적이 순조로워진다.

4 시비방법

과수의 수평 근군은 멀리 분포하고 양분 흡수의 주체가 되는 잔뿌리는 수관의 밑에 많이 분포된다. 그리고 수직근군 분포는 지표로부터 20~60㎝에 가장 많이 분포된다.

비료성분을 모든 뿌리가 잘 흡수할 수 있도록 해 주는 것이 가장 좋은 시비방법이라 할 수 있다. 시비방법으로서 유목기에는 윤구 시비법, 방사구 시비법, 조구 시비법이 적당하고 성목기 이후에는 전원시비법이 좋다.

윤구, 방사구, 조구 시비법은 구덩이를 깊이 파고 파낸 흙에 우선 필요량의 석회를 섞는다. 이 작업은 가능하면 일찍 한 다음에 유기물과 인산질 비료를 섞어서 구덩이에 넣고 석회를 섞은 흙으로 덮는다. 덧거름이나 가을거름을 주는 시기는 생육기간 중이다. 이때 뿌리를 손상하면 나무에 큰 영향을 준다. 따라서 이런 덧거름은 지표면에 주고 가볍게 긁어 준다.

5 엽면시비

비료를 잎에 살포하여 엽면으로부터 흡수시키는 것을 엽면시비 또는 엽면살포(foliar spray)라 한다. 엽면살포는 토양시비와는 달라 효과가 지속성이 없기 때문에 시비를 엽면살포에만 전적으로 의존할 수 없다.

그러나 토양에 시용한 비료가 강우에 의하여 유실되거나 토양반응이 알칼리성 또는 강산성으로 되어 토양 내에서 불가급태화됨으로써 식물체가 흡수 이용하지 못하거나, 식물체의 뿌리가 병해충 피해를 받아 양분의 흡수기능을 상실하거나, 또는 그 밖의 다른 원인에 의하여 식물체의 생육이 불량해지고 그 정도가 심하여 결핍증이 유발될 때 엽면 살포하면 응급조치로서의 효과가 크다.

엽면살포에서 가장 많이 사용되고 있는 요소는 다른 질소공급원에 비하여 분자의 체적이 작아 용이하게 세포막을 통하여 흡수될 수 있어 살포 후 8시간만에 50%, 72시간 후에는 84%의 빠른 흡수효과를 나타낸다.

또한 엽면흡수율은 잎의 생리기능이 왕성한 시기일수록 높고, 새로운 잎은 오래된 잎보다 흡수율이 높으며, 잎의 표면보다는 잎뒷면에서의 흡수율이 높다. 또한 요소는 수확 후 4~5%의 고농도 살포로 가을거름을 대신할 수 있다.

조·중생종의 경우 수확 직후에 살포하면 약해가 크게 유발되므로 만생종의 수확 후인 10월 하순~11월 상순에 같이 살포한다. 비료요소의 엽면시비는 전착제를 가용하는 것이 흡수율을 높이는 데 훨씬 효과적이다. 또한 살포할 때 지나친 고온이나 저온은 흡수율을 저하시키고, 살포 후 8시간 이내에 비가 많이 내릴 경우에는 엽면에서의 유실이 많으므로 다시 살포해야 한다.

6 **비료의 종류**

(1) 무기질비료

무기질 비료에는 질소, 인산, 칼륨, 마그네슘, 붕소 등의 단일성분을 함유하는 단비와 몇 가지 성분이 혼합된 복합비료가 있다. 또한 무기영양분과 유기양분을 혼합한 3종 복합비료가 있고, 엽면살포용 4종 복합비료도 있다. 시비에 소요되는 노동력을 절감하고 비효를 높이며 품질이 좋은 과일을 생산한다는 측면에서 원예용 또는 과수전용 복합비료가 생산되고 있다.

(2) 유기질 비료

과수원에서 유기질, 퇴비, 산야초, 우분, 돈분, 계분 등이 주로 사용되는데 이는 재료, 부숙방법 등에 따라서 다른 효과가 있다. 퇴비로 많이 사용되는 계분과 돈분에는 다른 분뇨에 비하여 질소질 성분이 많은 것이 특색이며 따라서 미숙된 계분 및 돈분을 포도과원에 과다 시용하면 신초가 과번무하여 통광 통풍이 불량해짐은

〈그림 5-11〉 마그네슘 결핍

〈그림 5-12〉 붕소 과잉 증상

물론 병해가 심해지고 과실 당도가 저하되며 착색이 나빠질 수 있으므로 주의해야 한다.

토양 유기물 함량에 따른 유기물 시용량으로서 옛날처럼 유기물은 무조건 많이 주면 좋다는 생각은 옳지 않으며, 최근에 생성되는 유기물은 비료적 성격이 많으므로 적량이 투입되어야 한다.

5. 토양개량

1 토양물리성 개량

포도원의 토양개량은 심경을 하여 토양 물리성(경도, 삼상, 투수속도)을 좋게 하고 석회(고토석회)를 충분히 시용하여 pH 6.5 정도가 되도록 개량한다. 그리고 심경효과를 지속하게 하기 위해서는 유기물을 투입해야 한다. 심경을 하면 토양이 부드러워져 토양경도가 낮아지며 삼상 구조중 고상이 적어져 투수속도가 증가하여 물빠짐이 좋아진다. 이런 효과가 포도 생육과 품질을 좋게 하고 수량을 증대시킨다.

포도원의 심경은 깊이 40㎝ 정도, 폭은 30㎝ 정도 윤구식 또는 도랑식으로 심경하고 조대 유기물을 투입하여 그 효과가 오래 유지되도록 하여야 한다. 특히 논전환 포도원은 배수가 잘되도록 유의해야 한다.

포도나무는 pH가 6.5 정도가 되어야 하고 석회 포화도가 60 이상 되어야 잘 생육되는 과수로 포도원 토양의 층위별 양분함량 pH는 5.1 정도 매우 낮은 수준에 있고 유기물, 유효인산은 21~40㎝ 부위에는 표토보다 매우 낮은 함량을 나타낸다.

칼륨 함량은 아래로 내려 갈수록 낮았으며, 석회와 고토의 함량은 층위에 관계없이 낮았다. 따라서 심경 후 석회 및 유기물과 인산질 비료를 혼합사용하여 과수원 전 토양에 혼합되도록 전층시비를 해야한다. 석회를 시용할 때는 200~300kg/10a 정도 매년 시용하여 pH가 6.5 정도가 될 때 까지 사용하고 2년마다 고토석회를 교대로 시용하는 것이 유리하다. 이는 고토(마그네슘)결핍을 방지하기 위한 조치이다.

또한 1970년대에서 1980년대 초반까지는 붕소결핍으로 인한 화진, 과육흑변 현상이 나타났으나 현재는 원예용 복비나 과수전용 복합비료를 사용하여 붕소 과다증상이 나타나고 있어 주의해야 한다.

과실 수확 후 과원관리는 생육기 못지않게 중요하다. 대부분의 농가들이 과실을 수확하고 난 뒤에는 과원에 자주 가지 않는데, 과수 농사의 성패가 이 시기에 관리를 어떻게 하느냐에 달려있다고 해도 과언이 아니다. 우수 농가냐, 아니냐의 차이가 수확 후 과원관리에 결정되기 때문이다.

겨울 동안의 동해방지 및 이듬해 원활한 개화를 위해서는 수확 전과 동일하게 과원을 관리해야 한다. 수확 후 과원관리는 크게 4가지로 볼 수 있다. 수체 생육 진단, 수분관리, 병해충 관리 및 토양 관리로 나뉜다. 수체 생육 진단은 낙엽의 여부를 주목하고 저장양분 확보를 위한 노력을 기울여야 한다. 수분관리 즉, 관수는 물이 얼어서 관수를 하지 못하게 될 때까지 계속해서 관수를 해야 한다. 7~10일 동안 강우가 없을 때에는 관수를 실시한다. 겨울 동해 발생의 주된 원인이 건조에 의해서 발생하며, 광합성 작용에 필수 원소가 수분이다. 이를 통한 저장양분을 충분히 확보해야 눈이 충실하고 나무가 건강하여 겨울철 동해에도 잘 견딘다.

병해충 관리 또한 철저히 방제해야 한다. 잎에 발생이 보이는 즉시 약제를 살포를 한다.

다음으로 해야 할 것이 토양검정이다. 내년도 시비량을 결정하기 위해서 과원의 토양샘플을 채취하여 농협이나 시군센터에 의뢰하여 시비처방전을 발급받아 과원의 시비상태를 파악한 다음에 시비량을 결정한다. 이 밖에도 병든 과실을 수거하여 땅에 묻고 비닐이나 부직포 등 멀칭재료는 걷어내도록 한다. 멀칭재료를 그대로 두면 쥐나 두더지 등이 뿌리를 갉아 먹는 피해를 볼 수 있다.

VI.
생리장해

1. 꽃떨이현상

1 증상

꽃떨이현상은 꽃이 핀 후 포도알이 정상적으로 달리지 않고 드문드문 달리거나 씨가 없는 포도알이 많이 달리는 것이다. 수세가 강한 거봉 품종에서 많이 발생하며, 캠벨얼리 품종도 재배관리 소홀로 수세가 강하면 종종 발생한다〈그림 6-1〉.

〈그림 6-1〉 포도 꽃떨이현상

2 발생원인

　꽃이 불완전하거나, 수정이 되지 않았거나, 수정 후에 배가 퇴화되었을 때 잘 나타난다. 수정되지 않은 원인은 꽃 필 무렵의 기상 불량, 저장양분 부족, 새가지 웃자람, 붕소 결핍 등이 있으나, 우리나라는 주로 동계전정 시 강전정에 의한 수세 불안정으로 발생한다.

(1) 개화기 기상

　꽃이 필 무렵에 비가 자주 내려 꽃가루가 유실되거나, 화관이 떨어지지 않을 때, 최저기온이 12℃ 이하로 되었을 때, 또는 바람이 너무 강하면 꽃가루가 제대로 날리지 못하면 수분이 정상적으로 일어나지 않는다. 또한 햇볕 부족이나 저온이 계속되어도 배주가 발달하지 못하여 착립이 나빠진다.

(2) 저장양분 부족

　전년도에 저장양분 축적이 부족하면 새가지와 뿌리의 생장이 나쁘고, 꽃의 분화와 발달에도 더욱 나쁜 영향을 미친다. 따라서 잎이 일찍 떨어지든가 열매를 너무 착과시켜 저장양분을 제대로 축적할 수 없으면 다음해에 꽃 발달에 영향을 주어 착립이 나빠진다.

(3) 새가지 웃자람

　질소를 너무 많이 주거나, 강전정으로 개화기에도 새가지가 계속 자라면 잎에서 만들어진 동화양분을 대부분 새가지가 자라는데 이용하고 꽃송이로는 조금밖에 이동되지 않는다. 따라서 꽃이 정상적으로 발육하지 못하여 개화나 수정이 불량해지고, 수정이 되더라도 배의 발육이 불완전하여 포도알이 떨어지거나 작고 씨가 없는 포도알들이 달린다.

(4) 붕소 결핍

붕소는 생장점이나 부름켜와 같은 분열조직에서 세포분열을 도와주는 중요한 촉매 역할을 한다. 따라서 꽃 기관이 발달할 무렵에 붕소가 결핍되면 세포분열이 순조롭지 못하여 개화기에 화관이 정상적으로 벗겨지지 않아 수분 및 수정이 되지 않는다. 또한 개화 후 포도알이 떨어지거나, 떨어지지 않더라도 종자가 없는 작은 포도알이 되므로 착립이 불량한 송이가 된다.

3 방지대책

(1) 간벌

포도나무가 재식 4~5년 후부터 신초 세력이 강해져 꽃떨이현상이 발생된 과원, 꽃떨이현상 발생이 우려되는 과원 등은 수확 직후 또는 동계전정 시 주지연장지를 활용해 간벌한다.

간벌시기는 나무 세력을 판단할 수 있는 수확 직후가 좀 더 바람직하고, 간벌 후 주지연장지를 곧바로 주지 유인 철선에 수평 유인하면 주지연장지의 아래쪽이 갈라지므로 이 시기에는 주지연장지를 둥글

〈그림 6-2〉 캠벨얼리 품종 주지 연장지 확보(좌) 및 주간 거리 확대(우)

게 유인한 후 3월 하순~4월 상순경에 주지 유인 철선에 수평으로 유인한다〈그림 6-2〉.

(2) 대립계 포도 하향유인 전정

동계전정은 생육기 과번무를 고려해 가지를 자르는 것이 아니고, 이용가치가 없는 미숙지, 즉 겨울철에 고사된 부분만 절단하는 약전정을 한다. 약전정을 하면 나무당 눈 수가 많게 되어 뿌리로부터 흡수되는 무기성분과 수분이 눈에 적게 공급되어 잎에서 합성된 탄수화물의 소비량이 적게 됨으로써 C/N율 상승으로 꽃떨이현상을 방지할 수 있다.

동계전정 시 남기는 가지는 눈이 크고 잘 등숙된 0.5~1.2m 이내의 짧은 가지 위주로 남기고, 절간장이 길고 강하게 생장된 가지는 생육 초기에 새가지가 왕성하게 생장하므로 원칙적으로 제거한다. 그러나 왕성하게 생장된 가지를 솎음전정으로 제거하든지 중간에서

〈그림 6-3〉 거봉 품종 동계 전정 시 하향유인 전정(좌) 및 개화기 착립 모습(우)

절단전정을 하면 남겨진 눈 수가 적어 새가지가 왕성하게 생장하므로 이러한 가지는 수세 조절용으로 덕 아래로 하향유인한 후 착립이 확인되면 가지의 세력을 보아가며 잘라 버린다〈그림 6-3〉.

(3) 저장양분 축적

조기 낙엽, 질소 과용 및 과다착과를 피하여 저장양분을 충분히 축적시켜 꽃이 잘 발달되도록 하는 것이 중요하다. 나무의 세력이 너무 약할 때에는 개화 전까지 요소 0.5% 액을 1~2회 엽면살포하여 꽃 발달을 촉진시켜 포도알이 잘 달리게 한다. 또한 붕소는 꽃 기관의 발육에 중요하므로 부족하지 않도록 2년마다 2~3kg/10a의 붕사를 시용하거나, 꽃 피기 1~2주 전에 붕사 0.3% 액을 엽면살포한다.

1 증상

발아기가 되어도 발아되지 않거나 발아되어도 새가지가 잘 자라지 않고, 심한 경우 원줄기 또는 원가지가 갈라져서 지상부가 고사한다〈그림 6-4〉. 이러한 증상은 재식 후 2~3년생의 어린 나무에 잘 나타나 3년병으로도 알려져 있다.

2 발생원인

(1) 웃자람과 늦자람

질소질 비료를 너무 많이 주거나 밀식하여 강전정을 하면 새가지의 생장이 너무 왕성하게 되어 늦게까지 자라게 된다. 이러한 가지는 목질화가 늦어지고, 수체의 탄수화물 함량 감소로 내한성이 떨어져 휴면병에 약하다.

(2) 품종과 대목

미국종은 일반적으로 내한성이 강하고 유럽종은 약한데, 같은 미국종이라도 캠벨얼리 품종은 내한성이 강하지만, 거봉 품종은 내한성이 약하여 휴면병에 걸리기 쉽다.

대목에 의한 내한성 차이는 대목 자체의 내한성 차이에 의한 것이 아니라 대목이 가지의 생육이나 결실에 미치는 영향 때문이다. 즉

나무가 잘 생장하여 결실이 잘 되는 대목은 과다착과로 나무가 약
해져 동해를 입기 쉽다.

(3) 겨울철 저온

내한성은 시기에 따라 달라지는데 1월에 가장 강하고, 자발휴면
이 끝나는 2월이 되면 급격히 낮아진다. 따라서 겨울철 -10℃ 이하
의 저온일수가 2월 이후에 많으면 심하게 발생하고, 1월 중순부터
2월 하순까지 너무 건조하면 가지의 수분을 잃게 되어 내한성이 더
욱 약해진다.

3 방지대책

(1) 내한성 향상 재배기술

질소질 비료를 너무 많이 주었거나 열매를 지나치게 많이 달았던
나무에 쉽게 나타나므로 새가지가 늦게까지 자라지 않도록 해야 한
다. 8월 중·하순경에도 새가지가 계속 자랄 때에는 끝부분을 순지르
기 하거나 생장억제제를 살포한다. 저장양분 축적은 착과량과 밀접
한 관계가 있으므로 송이를 너무 많이 달리지 않도록 한다.

(2) 보온에 의한 방지

추운 지방에서는 어린 나무에 볏짚 등으로 원줄기를 싸서 나무
가 건조하지 않도록 하고, 볏짚의 이삭 쪽을 위로 하여 원줄기를 싸
주고 가장 윗부분으로 물이 스며들지 않도록 한다. 그러나 비닐로

원줄기를 전부 피복하면 주·야 간 온도 차가 커서 오히려 피해를 입기 쉽다.

---

3. 열과

1 증상

열과란 포도알의 껍질이 갈라져서 터지는 현상으로 터진 부위에 2차적으로 곰팡이병이 발생되어 열과를 더욱 촉진시킨다〈그림 6-5〉. 열매 껍질이 연약한 유럽계 포도가 미국계 포도보다 열과가 심한데 거봉, 델라웨어 등도 열과가 심한 품종이며, 캠벨얼리, 머스캇베일리에이 및 네오머스캇 등은 비교적 심하지 않은 편이다.

2 발생원인

열과의 원인은 성숙기의 잦은 비이지만, 어떻게 하여 열매가 터지는지 열과의 메카니즘은 아직까지 확실하게 밝혀지지 않았다. 대체로 송이가 뿌리로부터 물을 지나치게 흡수하여 포도알의 내부 압력이 높아져, 열매껍질의 탄력성이 그 압력을 견디지 못할 정도가 되면 열매 껍질에서 가장 약한 부분이 터지는 것으로 알려져 있다.

〈그림 6-4〉 포도 휴면병 증상

〈그림 6-5〉 포도 열과 증상

　델라웨어 품종과 같이 포도알이 서로 밀착되어 자라는 포도알은 밀착된 부분의 껍질에서 큐티클층 발달이 나쁘고, 포도알이 굵어지는 동안 포도알끼리 서로 닿아 밀어내는 과정에서 표면에 작은 균열로 열과가 나타난다. 열과의 발생 정도는 나무의 세력과도 밀접한 관계가 있는데, 질소질 거름이나 비료를 너무 많이 주어 웃자란 새 가지, 강전정 및 밀식 등으로 수관이 복잡하여 햇빛이 수관 내부까지 들어가기 힘들고, 그에 따라 열매 껍질의 발육이 나쁘고 연약해져 쉽게 열과가 일어난다.

　또한 열과는 토양 물리성과도 관련이 있는데, 일반적으로 비가 오고 안 오고에 따라 토양 습도의 차이가 큰 모래땅이나 배수가 불량하여 대부분 뿌리가 수분의 포화 환경에 처하게 되는 토양에서는 토심이 깊고 배수가 잘 되면서 수분 유지력이 큰 토양보다 열과가 더 많이 일어난다.

3 방지대책

포도나무의 뿌리가 물을 지나치게 흡수하는 것을 막기 위해 빗물이 직접 뿌리로 흘러들지 않게 비닐하우스나 비가림시설을 하면 열과 발생을 효과적으로 줄일 수 있고, 비닐이나 부직포 등으로 토양 표면을 멀칭하는 것도 좋다. 또한 오랫동안 비가 오지 않을 때는 관수하여 토양 수분의 급격한 변화를 막아 주는 것도 열과 방지에 효과적이다.

재배적인 측면에서는 수관을 정리하여 수관 내부까지 햇빛과 바람이 잘 들게 하여 열매 껍질의 강도를 높여 주는 것이 좋다. 특히 질소질 거름이나 비료를 많이 주면 포도알이 너무 빨리 자라 껍질이 약해지므로 주의한다.

4. 마그네슘 결핍 

1 증상

마그네슘은 석회와 함께 포도 생장과 결실에 중요한 역할을 한다. 흡수량은 인산의 반 정도로 적지만, 잎에 함유된 양은 뿌리의 인산 함량과 비슷하고, 특히 엽록소의 주요 성분으로 잎에 비교적 많이 함유되어 있다.

마그네슘이 결핍되면 새가지의 아래쪽 1～2엽부터 4～5엽까지 잎맥 사이에 녹색이 없어지고 황색 또는 황백색으로 변하며, 심한 경우에는 갈색으로 변하여 말라 죽는다〈그림 6-6〉. 마그네슘 결핍 증상은 생육초기에는 거의 나타나지 않고, 6월 하순부터 발생하는데, 특히 장마 후 7~8월이 되면 증세가 심해져 조기낙엽의 원인이 된다.

2 발생원인

(1) 토양 수분

비가 많은 해에는 토양 중 치환성 마그네슘이 쉽게 유실될 뿐만 아니라 토양 중 산소 부족으로 질소 흡수에 비해 칼륨, 마그네슘, 칼슘 등의 흡수가 현저하게 떨어진다. 반대로 토양이 너무 건조해도 질소에 비해 인산, 칼슘, 마그네슘 등의 흡수가 불량하게 되므로 장마철에는 배수가 잘 되게 하고, 건조기에는 관수 등으로 토양 건조를 방지한다.

(2) 토양 산도

토양이 강산성이면 토양 내 마그네슘이 있어도 뿌리가 흡수하기 어려워 결핍증이 나타나 마그네슘 결핍증을 강산성 토양병이라고 한다.

(3) 칼륨 과다

칼륨와 마그네슘은 길항작용을 하기 때문에 칼륨 비료를 많이 주면 마그네슘 결핍증이 발생한다. 반대로 마그네슘을 많이 주면 잎의 황화현상은 회복될 수 있으나 칼륨 흡수량이 떨어져 수량이 감소된다. 특히 모래가 많은 땅에서는 마그네슘을 한꺼번에 많이 주는 것은 좋지 않다.

❸ 방지대책

마그네슘 비료는 마그네시아석회(고토석회), 황산마그네슘 및 탄산고토 등이 있는데 토양이 산성일 경우에는 황산마그네슘과 고토 석회를 120~200kg/10a 시비하는 것이 좋다. 토양 중에 석회 함량이 높은 pH 6 이상에서는 황산마그네슘을 12~24kg/10a 시비한다. 시비효과는 환경조건에 따라 차이가 있으나 2~3년 정도 지속된다.

응급대책으로는 황산마그네슘 0.5~2%액을 10~15일 간격으로 2~3회 엽면 살포하면 6주 후에 효과가 나타날 수 있으나, 8월 이후에 엽면살포하면 당년에 효과를 보기는 어렵다.

5. 칼륨 결핍

1 증상

칼륨이 결핍되면 잎 가장자리의 잎맥 사이에 황화현상이 나타나며, 그 증상이 잎의 중앙부로 진행된다. 황화현상이 심하면 잎 가장자리에 괴사현상이 나타나고, 더욱 심하면 엽록부에 엽소현상이 나타난다〈그림 6-7〉. 신초에서 황화현상 발생 부위는 마그네슘 결핍과 유사하게 신초의 아래쪽부터 발생하여 위쪽으로 진행한다.

발생시기는 주로 과실 비대 중기~후기인 8월 상순경부터 가을에 걸쳐 발생되는데, 겨울철에 밀, 보리 등을 재배하면 생육초기에도 발생한다. 또한 장마가 긴 해, 토양습도가 높은 해, 태풍 등으로 포도원이 침수되면 결핍증상이 나타난다. 칼륨이 결핍되면 포도알 크기가 작아지고, 착색이 지연되며, 나무는 등숙이 불량하여 동해에 대

〈그림 6-6〉 마그네슘 결핍증상 　〈그림 6-7〉 칼륨 결핍증상

한 저항성도 떨어진다.

2 발생원인 및 대책

(1) 마그네슘/칼륨 비율

토양 내 칼륨 함량이 부족해도 결핍증상이 나타날 수 있고, 토양으로부터 마그네슘 흡수가 토양 중 마그네슘/칼륨 비율에 영향을 받듯이 가리 흡수도 토양 중 마그네슘/칼륨 비율에 영향을 받는다. 즉 잎의 마그네슘 함량이 높으면 칼륨 흡수가 저해된다.

(2) 다른 미량 성분과의 관계

질소 비료를 많이 주면 잎의 칼륨 함량이 낮아지므로 칼륨 결핍 과원에 질소 비료를 시비하면 결핍증상이 악화된다. 또한 붕소와 망간 등도 칼륨와 마그네슘 흡수에 영향을 주는데, 붕소를 시용하면 칼륨 흡수를 촉진하므로 엽 중 칼륨 함량이 높아지고, 망간도 칼륨 흡수를 촉진한다.

(3) 착과량 조절

잎의 칼륨 함량은 발아 후 신초가 생장하면서 서서히 감소하는 경향이 있으며 질소, 인산도 비슷하지만, 칼슘과 마그네슘은 반대 경향을 보인다. 송이가 착과되면 잎의 칼륨 함량에 다소 영향을 주고, 과다착과는 잎의 칼륨 함량이 낮아져 칼륨 결핍이 나타날 수 있다.

6. 붕소 결핍

1 증상

붕소는 결핍 정도에 따라 나타나는 증상에 차이가 있는데, 결핍 정도가 경미하면 잎맥 간에 유침상의 작은 반점이 생겨 잎을 밝은 곳에 비추어 관찰하지 않으면 발견할 수 없다. 그러나 결핍증상이 심하면 유침상의 작은 반점이 증가되어 최종적으로는 잎맥 간에 황화현상이 나타난다.

붕소 결핍은 식물체에서 생육이 왕성한 조직, 즉 세포분열과 비대가 왕성한 부위에서 발생하기 쉽다. 신초에서는 선단 부위, 어린 잎, 성엽 순으로 엽령이 어릴수록 증상이 심해지고, 잎도 작아지면서 기형이 된다.

(1) 신초에 나타나는 증상

신초에 붕소 결핍이 나타나면 선단 부위 발육이 나쁘게 되고, 절간은 짧고 가늘며 기형이 되면서 선단에서부터 괴사된다. 결핍증상이 경미한 경우 강우 등으로 토양 중에 수분이 풍부하면 포도나무에 붕소가 공급되어 선단 부위부터 회복된다. 그러나 일단 증상이 발생된 부위는 회복되지 않으므로 신초를 관찰하면 결핍증상이 발생된 시기를 추정할 수 있다.

(2) 꽃송이에 나타나는 증상

포도잎에 유침상의 작은 반점이 나타나면 개화전부터 개화기 동안 꽃송이 형태와 크기는 정상이지만, 결핍증상이 심하면 꽃송이도 작아지고 꽃 수도 적어진다.

정상적인 개화는 개화기에 화관이 기부부터 5조각으로 갈라져 탈락되므로 암술의 주두가 노출되어 적당한 습도에서 화분 발아에 좋은 조건이 된다. 그러나 붕소가 결핍되면 화관이 1~2조각으로 갈라져 위쪽으로 말리고, 다른 부분은 갈라지지 않아 수술을 덮은 상태로 적갈색으로 되어 화관이 탈락하지 않는다.

(3) 송이에 나타나는 증상

붕소 결핍이 엽, 신초에 나타나는 포도나무는 만개 1주일 후에 자방이 위조되어 탈락하는 것이 많거나, 착립이 불량하여 꽃떨이현상이 발생한다. 또한 자방은 탈락하지 않지만 불수정의 무핵 소립과로 되어 만개 2주후 과립 형태 및 크기로 유핵과와 구별할 수 있다.

▨2 발생원인

붕소 결핍은 유효토층이 얕거나 모래 자갈층이 있는 토양, 신개간지, 경사지의 상부 토양 등 건조하기 쉬운 유목원에서 많이 발생한다. 그러나 최근에는 지하수위가 높은 과수원에서도 발생이 많은데 이것은 뿌리의 분포가 얕아 가뭄일 때 토양건조의 영향을 받기 쉽기 때문이다.

　결핍증상이 나타나는 잎의 붕소 함량은 품종에 따라 차이는 있으나 12~17ppm 정도로 토양시비 및 엽면살포로 흡수량을 만족시키는 것이 가능하다. 그러나 붕소는 토양 시용 또는 붕소를 함유한 유기질 등을 시용하는 것이 바람직하고, 엽면살포는 응급대책으로 생각하는 것이 좋다.

(1) 엽면살포 효과

　엽면살포는 0.3% 용액을 200ℓ/10a 제조하기 위해 물 20ℓ에 붕산 600g을 녹이고, 별도로 소량의 물에 생석회 300g을 녹인 후 물 20ℓ 정도 넣고 잘 저어 준다. 그 후에 붕산 용액에 석회액을 넣어 혼합하면서 물을 넣어 200ℓ로 맞춘다.

　엽면살포는 개화 전 일주일 간격으로 2회 실시하고, 잎의 붕소 함량이 증가되면 결실률 향상 및 무핵과가 감소되어 송이무게도 증가한다. 그러나 잎 및 신초에 나타난 결핍증상은 회복되지 않는다.

(2) 토양시용 효과

　붕소는 토양 콜로이드에 흡착 및 고정되는 양이 적으므로 심층으로의 침투가 빠르다. 또한 토양 표층부에 존재하는 세근의 활발한 활동에 의해 필요량을 흡수하는 것이 가능하므로 토양시용 효과도 빠르다.

이와 같이 붕소 결핍에 붕소가 함유된 비료를 엽면살포 및 토양 시용을 하면 효과는 빠르게 나타나지만, 생육기간 중 결핍증상이 나타나면 피해가 크고, 과실, 잎 및 신초 등의 조직이 파괴된다. 따라서 결핍증상이 나타나기 쉬운 토양, 환경조건에서는 붕소 시용을 적극적으로 하고, 완충능력이 낮은 토양에서는 유기질을 충분히 시용하여 토양 노후화를 방지한다.

7. 망간 결핍 

1 증상

망간은 철과 함께 식물체 내에서 산화환원 작용에 관여하는 엽록소 생성에 중요한 원소이다. 망간은 식물체에 100만분의 1~3 정도 함유되어 있고, 부족하면 잎맥 사이에 엽록소가 퇴화하여 황화현상이 나타나는데, 황화현상 부위와 건전 부위 간 구분이 명확하지 않다〈그림 6-8〉.

신초의 발생 부위는 기부, 중간은 물론이고 선단까지 발생하며, 증상이 나타나는 시기는 초여름부터 늦가을까지이고, 피해 잎은 엽면살포 등으로 회복되고, 증상이 심해도 조기낙엽은 되지 않는다.

〈그림 6-8〉 망간결핍 증상　　　　〈그림 6-9〉 엽소증상

2 발생원인

　망간은 미량 요소로 식물체의 정상적인 발육을 위해 필요로 하는 양도 미량이고, 일반적으로 토양 중에 충분히 함유되어 있다. 그러나 토양 수분이 많고, 토양 물리성이 나쁜 점질 토양, 지하수위가 높은 과원에서는 토양 pH가 높아 결핍증상이 자주 발생한다.

3 방지대책

　포도잎에 발생된 망간 결핍은 황산망간 0.3%, 석회 0.15% 혼용액을 엽면살포하면 7일 정도면 황화현상이 회복되는데, 증상이 심하면 7~10일 간격으로 2회 살포한다. 망간 결핍이 상습적으로 발생하는 과원에서는 망간 결핍을 예방하기 위해 기비에 수용성 망간 8kg/10a(20~25% 함유) 정도를 시비한다.

1 증상

엽소 증상은 단순히 잎 부분에만 피해를 주는 것이 아니다〈그림 6-9〉. 잎은 광합성을 하는 공장으로 당류를 생산하는 장소이므로 여러 가지 이유로 포도잎이 엽소 및 조기낙엽되면 당도, 착색 등의 품질저하는 물론, 저장양분 축적불량으로 이듬해 수확에까지 영향을 준다.

2 발생원인

(1) 토양 수분

토양이 건조하면 포도잎에 수분 부족 증상으로 나타나는데, 생육 단계, 기후 및 토양 조건에 따라 다르게 나타난다.

① 신초와 송이의 수분 경쟁

송이가 달려 있는 신초와 송이가 없는 신초의 잎 시들음 증상이 다르다. 즉, 송이가 달려 있는 신초는 착색기 이전까지는 수분이 부족하면 잎은 송이로부터 수분을 가져와 잎 시들음이 늦게 나타난다. 그러나 착색기 이후에는 포도알의 삼투압이 높아져 송이로부터 수분을 가져올 수 없게 된다. 따라서 토양이 건조하면 신초의 아래 잎부터 시들어 고사하면서 신초의 위쪽 방향으로 진행하고, 성숙기에 고온건조하면 더욱 피해가 심해진다.

② 강우와 토양 조건

엽소는 일반적으로 장마기에 나타나는데 지하수위가 높은 답 전환 과원 또는 배수 불량한 과원에서 증상이 심하다. 특히 장마기의 집중 강우와 장마 직후 온도가 빠르게 상승하면 엽소증상이 더욱 심하다. 특히 장마철에는 수분 과다로 뿌리 발달 및 활력이 떨어지는 반면 신초는 왕성하게 생장하므로 증상이 더욱 심해진다.

③ 약해에 의한 일소

약해를 일으키는 약제는 주로 석회보르도액과 동 제품이다. 석회보르도액은 석회와 유산동을 혼합하여 유산동을 불용액의 교질상태로 이용한다. 석회 조제에 문제가 있거나, 석회 양이 지나치게 적으면 유산동에 의해 일소 피해를 입는다.

또한 동에 대한 저항성은 품종에 따라 차이가 있는데 캠벨얼리와 거봉은 약한 편이다. 석회보르도액을 살포한 후 약액이 마르기 전에 비가 오면 석회가 유실되어 유산동이 유출되므로 일소증상이 나타날 수 있다.

3 방지대책

(1) 토양 개량

과습은 내건성을 약화시키므로 토양 통기성을 좋게 하고 배수를 철저히 하여 장마철에도 피해가 없도록 건전한 토양을 만드는 것이 기본이다.

(2) 약해 방지

석회보르도액 사용 방법을 충분히 숙지하고, 캠벨얼리, 거봉 또는 이들 품종을 이용하여 육성된 품종에서는 주의하여 사용한다.

---

9. 축과증상 

1 증상

축과증상은 시설재배 포도에서 주로 발생되며 노지재배에서는 거의 발생하지 않지만, 수세가 강한 경우 발생할 수 있다. 또한 포도알이 본격적으로 성숙하는 착색기부터는 발생하지 않는 것이 특징이다. 처음에는 과육에 흑갈색 점 무늬가 생기고, 이것이 점차 확대되고, 심하면 그 부분이 움푹 들

〈그림 6-10〉 축과 증상

어가는데, 모든 포도알에 발생되는 일은 드물고 일부 포도알에 발생한다〈그림 6-10〉.

증상을 보이는 포도알은 떨어지지 않고 붙어 있으며, 증상이 나타난 곳을 칼로 잘라 보면 속에 빈틈이 보인다.

2 발생원인

토양 수분이 부족할 때 송이와 잎의 수분 불균형으로 나타나는 현상이다. 토양의 수분이 많아 잎이 왕성하게 자랄 때는 토양 수분이 낮지 않아도 뿌리로부터 흡수량과 잎의 증산량 사이에 불균형이 생겨 축과증상이 발생한다.

3 방지대책

축과증상은 수분부족에 의한 생리장해로 급격한 지하수위 상승, 병해충 등에 의한 뿌리의 손상, 강전정 등으로 지상부 증산과 지하부 흡수 간에 불균형으로 발생하므로 이를 피하는 것이 좋다. 또한 송이솎기와 순지르기를 하여 잎과 과실의 적정 비율을 조절해 주는 것도 바람직하다.

11. 탈립 

1 증상

탈립은 송이에서 포도알 2~3립이 떨어지는 경미한 것부터 송이 전체가 탈립되는 것을 말하며, 이는 생육기에도 발생하지만 저장 중에도 발생한다.

특히 거봉계 품종은 탈립이 쉽고, 수확 직후 단단해 보이는 송이

도 유통 중 물리적인 충격에 의해 탈립이 일어나 상품성을 떨어뜨
린다.

2 발생원인

(1) 송이축 시들음

포도의 송이축이 시들거나, 노화가 진행된 송이에 탈립이 많은데,
이것은 송이축의 통도조직 불량으로 송이로 동화양분 전류가 원활
하지 않아 발생하는 것으로 추정된다.

(2) 동화양분의 부족

조기낙엽, 과다착과 및 신초의 왕성한 생장 등으로 송이에 동화양
분이 충분히 공급되지 않아 발생하는 것으로 추정된다. 또한 과심 발
달이 불량하여 과경이 붙어 있는 부분에 이층이 생겨 떨어지게 된다.

(3) 저장 중 탈립

저장 중 탈립은 과경 변색이 빠를수록 심하고, 물리적 손상에 의
한 부착력 저하로 탈립되기도 한다. 또한 곰팡이 등의 미생물 발생
은 과실의 호흡량을 증가시켜 에틸렌 발생으로 탈립이 발생한다.

3 방지대책

현재까지 원인이 확실하지 않아 방지 대책을 마련하기 어렵지만,
나무를 건전하게 만들어 동화양분 전류를 높이고, 착과량을 조절하

여 송이축을 단단하게 만든다.

수확 후 건전한 송이를 온도와 습도를 잘 조절하여 곰팡이 등이 발생하지 않도록 저장하고, 운송 중에는 물리적인 상처가 발생하지 않도록 취급에 조심하고, 과립이 움직이지 않도록 완충제 등을 사용한다.

VII.
병해충

1. 식물 병의 발생 및 방제원리

1 식물 병의 발생 원리

식물에 병이 발생하는 현상을 흔히 기주식물, 병원체, 환경조건을 삼각형으로 표시하여 설명하고 있으며 이를 '병의 삼각형'이라고 한다. 즉, 삼각형의 한 변은 3요소의 하나씩을 나타내며 각 변의 길이는 발병을 조장하는 특징들의 합과 비례한다.

예를 들어, 식물이 저항성이고, 식물의 성숙정도가 발병에 부적당하며, 재식거리가 멀면 기주쪽의 변이 짧아져서 병 발생량은 적거나 없다. 반면에 식물이 감수성이고, 식물의 생육정도가 발병에 알맞으며, 재식거리가 가까우면 기주쪽의 변은 길어지고 발병 가능성은 커진다.

마찬가지로, 병원균 쪽에서도 병원성이 강할수록 병원체의 수가 많을수록 병원체의 활성이 높을수록 병원체 쪽변의 길이는 길어지고 병 발생량은 많아진다. 또한, 환경조건(온도, 습도, 바람 등)이 병원체에 알맞게 작용하거나 기주의 저항성을 감소시킬수록 병원체 쪽변의 길이는 길어져 발병 가능성은 증대된다.

이러한 3가지 요소가 결정되면 삼각형의 면적은 해당 식물체 또는 식물 집단의 발병 정도를 나타낸다. 이들 3요소 중 어느 하나라도 '0'의 값을 가지면 병은 발생할 수 없다. 따라서 병이 적게 발생하도록 3요소를 관리하는 것이 결국은 식물 병 방제의 기본이 되는 원리라고 할 수 있다.

■2 식물 병 발생과 기상조건

식물 병의 발생은 세 가지 요소가 상호작용에 의하여 결정되는데 그중 환경요소(온도, 습도, 식물체가 젖어 있는 시간의 길이 등)는 대부분의 과수처럼 노지에서 작물을 재배하는 여건에서는 사람이 조절하기 어려운 요소로 보아야 한다. 그러나 결정적으로 과수에 피해를 주는 병의 원인균은 하등한 생물로 자신의 의지보다는 환경요소에 의하여 활동여부가 결정되는 경우가 대부분이다. 따라서 환경요소의 변화에 따른 병해충의 활동가능성 등에 항상 관심을 가지고 병해충의 발생을 지켜보아야(예찰) 피해를 줄일 수 있다.

최근 기상 분석내용을 요약하면 전반적으로 기온이 상승하였으며 특히 봄철부터 온도가 갑자기 상승하여 봄기간이 짧아지고, 여름에는 30℃를 넘는 기간이 장기간 계속되며 가을에 늦더위가 오래 지속되고 있다.

비도 해에 따라 약간의 차이는 있으나 강우량은 많고, 여름 장마가 약해진 대신 초가을에 비가 많이 내리고 있다. 이처럼 강우량 증가에 따른 고습상태 유지 등의 영향으로 포도나무는 새눈무늬병, 갈색무늬병 및 노균병 등의 발생이 증가하였으며, 특히 봄철에 발생을 시작하는 병은 봄철 강우로 인한 습도 증가 여부와 기온 상승 등에 따라 발생상황이 크게 달라질 수 있음에 유의해야 한다.

또한, 병원체의 측면에서 살펴보면 봄철의 월동직후 병해충 방제가 병원균의 초기 밀도를 억제할 수 있으므로 앞에서 언급한 '병의 삼각형'에서 병원체의 수를 줄이는 데 결정적인 역할을 한다. 특히 전년도에 병해충 피해를 입은 농가에서는 자신의 과수원에서 월동한 병해충의 초기 방제에 유의해야 한다.

3 식물에 병을 일으키는 병원체의 종류

식물에 병을 일으키는 병원체에는 진균, 세균, 파이토플라즈마, 바이러스 및 바이로이드 등이 있다.

(1) 진균(곰팡이)

진균은 영양기관과 생식기관을 가지며, 영양기관은 실모양의 균사체로 되어 있고, 균사체의 생육이 어느 단계에 이르면 포자라고 불리는 생식기관이 형성되어 대량으로 증식하여 식물에 피해를 주며 과수에 병을 일으키는 병원균 중 가장 많은 수를 차지한다.

(2) 세균

　세균은 진균과는 달리 단세포 미생물로서 그 형태가 단순한 것이 특징인데, 기본형으로서는 짧은 막대기 모양인 간균, 공 모양인 구균, 나사처럼 꼬인 나선균, 구부러진 모양인 콤마균 및 사상형 등이 있다. 그러나 식물 병원세균의 모양은 거의 모두가 간상이며 크기는 길이가 0.6~3.5㎛이고 직경이 0.3~1.0㎛ 범위 내에 있다.

　세균의 증식은 단순한 분열에 의하여 이루어지는데 그 증가하는 속도가 다른 어떤 미생물보다도 빨라서 짧은 시간 내에 막대한 숫자에 이르게 되며 세균의 이러한 성질이 식물 병원균으로서 중요한 역할을 하게 되는 것이다.

(3) 파이토플라즈마

　파이토플라즈마(phytoplasma)는 바이러스와 세균의 중간영역에 위치하는 미생물로서 알려져 있다. 바이러스 병으로 생각되었던 많은 병들이 최근에 파이토플라즈마에 의한 것임이 밝혀지고 있다. 우리나라에서는 대추나무 빗자루병이 파이토플라즈마에 의한 병으로 밝혀진 대표적인 병이다.

(4) 바이러스

　바이러스는 핵산과 단백질로 이루어져 있는데, 입자의 관찰은 전자현미경으로 가능하며, 일반적으로 기주(host)에 나타나는 병의 증상을 통해 특성을 구별한다.

바이러스 병의 일반적인 증상은 잎에 반점이 나타나거나 모양이 변형되고, 과실이 작아지거나 표면에 얼룩이 생기고 당도가 현저히 저하되는 경우도 있다. 가지에서의 증상으로는 표피조직이 부분적으로 괴사되거나 기형이 되기도 한다. 이와 같은 증상이 심화되면 나무가 괴사하기도 한다.

그러나 어떤 종류의 바이러스는 기주에 아무런 증상도 나타내지 않고 잠복하는 경우가 있는데 이런 바이러스를 잠복성 바이러스(latent virus)라고 한다.

(5) 바이로이드

바이로이드는 감자 갈쭉병의 병원체 *Potato spindle tuber viroid*(PSTV)를 정제하여 특성을 조사하는 과정에서 알려졌으며 이 병은 오랫동안 바이러스가 원인이라고 믿어왔는데, 1967년 디너(Diener)와 다이너(Raymer)가 병의 병원인자가 핵산(RNA)으로만 구성되어 있고 감염조직에 바이러스 입자가 존재하지 않아 바이러스와는 달라서 1971년에 바이로이드(viroid)란 용어를 사용하였다.

4 병원균의 일생(병환)

병원균에 의해 발생한 병이 다음 해에 다시 나타나는 과정을 병환이라고 한다. 병환은 병원균의 생활사와 기주식물 간에 밀접한 관계가 형성되나 때로는 병원균이 기주 밖에서 지내는 경우도 있다. 그러므로 병환을 정확히 이해한다는 것은 방제의 기본이라고 할 수 있다.

병원균의 종류에 따라 1년에 1세대만 경과하는 병(mono-cyclic disease)과 수 세대를 경과하는 병(poly-cyclic disease)으로 나눌 수 있다. 사과와 배의 붉은별무늬병(적성병)은 1세대의 생활사를 갖는 반면, 검은별무늬병, 탄저병, 흰가루병 및 세균병 등은 1년에 여러 세대를 반복하므로 환경조건에 따라 발생량의 차이가 크며 대발생하기도 하는 것이다.

(1) 전염원

진균(곰팡이)의 경우 월동한 병원체는 이듬해 봄에 기주인 식물체 내에 침입하여 1차 전염을 일으킨다. 1차 전염원으로 작용하는 형태로는 균사, 균핵, 분생포자, 병포자 및 자낭포자 등이 있다. 이것은 눈(芽)의 비늘 잎, 줄기 및 가지의 병환부, 병든 과실이나 낙엽, 오염된 토양, 중간기주 또는 지하부의 뿌리 등에서 월동한 것이다.

2차 전염은 이들 1차 전염원으로부터 형성된 병환부에 다시 전염원이 형성되어 발병 과정이 되풀이되는 것이다. 세균, 바이러스 및 파이토플라즈마 등은 진균과 달리 포자나 균사를 형성하지 않고 영양체 그대로 전염원이 된다.

(2) 전파 또는 전반

병원체는 비, 바람, 곤충, 종자, 토양, 동물 및 각종 작업도구 등 여러 가지 수단을 통하여 수동적으로 옮겨지게 되는데, 진균의 경우 병원균의 포자나 균사가 주로 비, 바람에 의해 이동된다. 세균 역시

균체가 비, 바람, 곤충 및 동물에 의하여 전파된다. 바이러스는 주로 매개충(곤충, 응애, 선충)에 의해서 옮겨지며, 접목 등과 같은 기계적 방법에 의해서도 전염된다. 파이토플라즈마는 주로 매미충류와 기타 체관부에서 흡즙하는 곤충류에 의하여 옮겨진다.

(3) 침입 및 감염

기주로 옮겨진 병원체는 적당한 환경조건이 형성되면 기주 체내로 침입하여 감염시켜 병을 일으킨다. 일반적으로 가장 좋은 침입 장소는 상처지만, 대부분의 침입은 기공, 수공, 피목 및 꿀샘과 같은 열린 공간을 통하여 이루어진다. 그러나 어떤 병원균은 각피를 뚫고 침입하는 경우도 있으며 꽃이나 눈, 지하부의 뿌리 같은 특수 기관을 통하여 침입하는 경우도 있다.

(4) 잠복기

침입과 감염이 이루어져도 바로 병징이 나타나는 것은 아니다. 병원체가 기주 내로 침입하여 감염된 후 병징이 발현될 때까지의 기간을 잠복기라고 한다. 잠복기는 발병부위, 수체생육 단계, 병원체의 종류, 환경조건(온도, 습도, 광선) 등에 따라 차이가 난다. 보통 과수 병의 잠복기는 1~2주일 정도로 알려져 있다.

▌5 ▌ 식물 병의 방제원리

식물의 생육 중에 발생되는 병에는 여러 가지 요인이 관여되나 그

중에서도 가장 중요한 요인은 병의 삼각형을 구성하는 세 가지이며 이들 요인이 때를 맞추어 잠복기를 지나 발병되므로 이 세 가지 요인 의 조절로서 방제 원리가 나올 수 있다. 워커(Walker 1950)는 식물 병의 방제를 예방과 면역법으로 크게 나누어 예방법은 배제, 제거 및 직접보호로 세분하여 방제원리를 설명하였다.

식물 병의 방제는 식물개체보다는 집단화된 식물을 대상으로 예방 과 병 진전의 억제에 중점을 두어 실시하는 것이 합리적이다. 이는 식 물은 동물(인간)과 달라서 하나의 개체가 가지는 중요성이 크지 않 은 경우가 많고, 면역체계를 가지고 있지 않기 때문에 일단 병에 감염 되면 병 진전을 억제할 수는 있으나 면역 혈청을 방제에 이용할 수 없 다. 또한 인간처럼 내·외과적인 수술방법을 도입하는 데 어려움이 있 어 식물 병 관리를 위해서는 집단을 대상으로 예방 위주의 대책을 수 립하는 것이 중요하다.

예방법은 기주식물을 병원체의 접근, 감염 또는 발병환경에 적합 한 환경요인으로부터 보호하는 것을 말하고, 면역법은 감염과 발병 에 대항하는 기주식물의 저항성을 증가시키는 것을 말한다. 여기에 최근의 학자들은 치료적 방법을 추가하여 설명하기도 하는데 이는 이미 식물체의 조직에 침입한 병원체를 살균하거나 병환부를 제거하 여 식물체의 건강을 회복시키는 방법을 말한다.

예방법은 다시 식물체에 병원체가 침입하는 것을 막아주거나 식 물 체내로의 병원균 도입을 최소화하는 배제(排除), 식물 체내 또 는 식물체가 자라는 환경으로 이미 도입된 병원체를 없애는 제거(除

去), 약제살포, 환경조절 등의 방법으로 병원체의 감염을 저지하거나 회피하는 직접보호(直接保護) 등으로 다시 나눌 수가 있다.

(1) 병원체 배제에 의한 예방법 : 식물 검역(檢疫)

국가 간의 교류와 교통수단의 증가는 식물의 이동을 빈번하게 하였고, 대형화시켜 병해충의 분포에 변화를 가져왔다. 이와 같은 사례는 우리나라뿐 아니라 외국에서도 빈번한 일로 외국으로부터 유입되어 정착되고 있는 과수의 병은 (표 7-1)과 같은 것들이 있다.

표 7-1 외국에서 도입되어 국내에 정착한 과수의 병

병 명	추정 침입경로	침입시기
사과 검은별무늬병	미국 → 한국	1972년경
사과 뿌리혹병	프랑스 → 미국→일본→한국	1915년경
복숭아 탄저병	일본 → 한국	1914년경
포도 노균병	미국 → 일본 →한국	1915년경

외국으로부터 침입한 병원균이 국내에 정착하여 큰 피해를 주며, 이를 박멸하기 위해 많은 인력과 방제비가 소요되고, 경우에 따라서는 불가능해질 수도 있으므로 세계 각국에서는 외국으로부터 수입하는 식물이나 농산물에 대하여 항구, 공항, 국제우체국 및 국경 등에서 엄격한 검사를 실하고 있으며 이를 식물검역이라고 한다. 식물검역은 병원체를 배제함으로써 유입 병을 관리하는 형태이다.

(2) 병원체의 제거(除去)에 의한 예방법

① 중간기주 제거 : 중간기주의 제거는 병원균의 생활사를 차단하므로 매우 중요하다. 배, 사과나무의 붉은별무늬병을 방제하기 위한 향나무의 제거, 미국에서는 밀의 줄기녹병을 방제하기 위한 매자나무의 제거는 유명한 실례이다.

② 전염원 경감 : 병의 병환(life cycle)을 알면 자연히 전염원을 제거 또는 경감할 수 있다. 예를 들면 월동기인 휴면기에 약제를 살포한다든지 월동하고 있는 부위 또는 잡초 등 잔재물을 포함한 농경지의 청결유지는 전염원을 줄일 수 있다. 또한 어느 병환을 알아 그 병의 방제에 가장 중요한 시기를 찾아내 방제한다면 전염원을 줄일 수 있다. 부란병이나 줄기마름병에 걸린 과수의 병환부를 칼로 도려낸 다음 살균제로 소독하는 방법은 병환부를 제거하여 병의 확산을 예방하는 방제방법이 된다.

③ 태양열 소독 : 땅에 비닐을 덮으면 토양온도의 상승으로 병원균의 불활성화에 큰 효과가 있다. 마른 흙보다는 젖은 흙에 처리하면 병원체의 발아를 자극하여 더욱 쉽게 병원균을 죽일 뿐만 아니라 잡초도 제거할 수 있으며 이 방법은 주로 채소류에서 많이 활용하고 있다.

④ 소각(燒却) : 병해물의 소각은 식물병원균의 전염원을 효과적으로 제거할 수 있는 방법이다. 특히 과수의 경우 전년도에 병에 걸린 흔적이 있는 식물체를 소각하는 것은 중요한 병의 예방법이 된다.

⑤ 담수(湛水) : 밭에 수일 또는 수주일 동안 물을 대면 병원균

의 밀도를 현저히 낮출 수 있다. 온두라스에서는 바나나의 파나마병(*F. oxysporum f. sp. cubensis*)은 3~6개월간 정식 전에 물을 대면 4~5년간 방제가 가능하다는 보고가 있다. 어떤 경우 관수와 토양훈증을 겸하면 더욱 효과가 있다고 한다.

⑥ 휴경과 윤작 : 윤작은 토양 비옥도를 높여주고 어느 특정 토양병의 발생을 감소시켜 주며, 해당 기주가 없으면 병원균의 수는 급격히 떨어진다. 과수의 경우 날개무늬병류는 비기주 작물인 화본과 작물을 윤작할 경우 예방법이 될 수 있으나 현실적으로는 쉽지 않은방법이다.

(3) 병원체의 감염 저지나 회피에 의한 예방법 : 직접보호법

병의 삼각형(피라미드)에서 강한 병원균과 감수성 기주가 있다하더라도 두 요인에 직접 영향을 주어 병을 발생하게 하는 요인은환경인 것이다.

환경은 구체적으로 보면 지상부 환경과 지하부 환경으로 나누어생각할 수 있다. 지상부 환경은 온도, 습도, 광, 강우, 바람 및 기타기후 요인이 포함되고, 지하부 환경은 토양의 물리성, 화학성, 토양온도, 습도 및 토양산도 등이 발병에 영향을 준다.

노지 과수의 경우 환경조절에 의한 병 방제에는 어느 정도의 한계가 있으나, 비닐 하우스에서 채소 재배 시 이들 요인을 적절하게 조절하여 효과적인 병을 방제할 수 있다. 병원체의 감염을 저지하거나회피하는 직접보호에 의한 병의 예방법 중 과수와 관련되는 사항을 요약하면 다음과 같다.

① **재배환경의 조절** : 작물 재배에 있어 적합한 지역을 선택하는 것이 중요한 경우가 많다. 배 신고 품종 등 검은별무늬병에 약한 품종은 5~7월의 강우량이 600㎜를 넘는 곳에서는 특히 주의하여 재배해야 하며, 사과, 복숭아, 포도 등도 강우가 많은 지역에 재배하면 탄저병 발생이 심하므로 봉지를 씌워서 재배하는 등의 보호조치를 취해야 한다.

② **재배법의 개선** : 일반적으로 작물은 같은 면적에 파종량이 많으면 식물이 연약하게 자라고 무성해지기 쉬워 병원체의 생존 및 번식에 유리한 조건이 조성된다. 마찬가지로 과수의 경우 지나친 밀식이나 복잡한 수관관리는 같은 조건이 조성되기 쉽고, 배수가 불량한 과원에서는 토양 전염성 병의 발생이 많아질 우려가 있으며, 지나치게 건조와 과습이 반복되는 과원에서는 날개무늬병의 발생이 많아지므로 수분관리에도 유의해야 한다.

토양에 비료성분의 균형이 맞지 않으면 식물체의 영양상태가 나빠져 병원체의 침해를 받기 쉬워지고, 저항성도 약해지는데 특히 질소성분이 과다하면 심하다. 식물체에 병원체나 매개곤충이 접근하는 것을 물리적으로 막아 감염을 회피하는 방법으로 차단(遮斷)에 의한 예방법을 고려할 수 있다.

사과, 배 및 복숭아 등은 지표면에 짚을 깔아 재배하거나 초생재배를 하면 병원균의 포자가 빗물과 함께 튀어 오르는 것을 방지할 수 있어 역병 발생을 줄일 수 있다. 같은 개념으로 여러 과실의 봉지

재배로 탄저병, 검은별무늬병 등 과실에 발생하는 병의 발생을 억제할 수 있다.

한편 여러 작물의 날개무늬병은 병든 식물과 건전한 식물의 사이에 도랑(차단구)을 설치하거나, 비기주 식물을 심어 병원균의 이동을 차단하여 방제하는 방법도 있다.

③ 포장위생 : 병이 발생되었던 포장에 병든 잔재물을 없앰으로써 병 방제가 가능하고, 곡물, 과일 및 채소 등 저장환경의 조절로 저장병의 발병을 크게 줄일 수 있다. 재배적인 측면에서는 병에 걸리지 않고, 상처가 없는 종자나 묘목을 재배함으로써 병의 예방이 가능하다.

④ 약제방제 : 병에 감염되지 않도록 혹은 감염되더라도 발병이 되지 못하도록 예방하거나 치료를 위하여 쓰이는 약제를 일반적으로 살균제라고 하며 농약의 구분에는 필요에 따라서 여러 방법이 있으므로 획일적으로 표현하기에는 다소 무리가 있다. 따라서 실수요자인 농가에서는 등록되어 있는 약제에 대하여 정확한 정보를 갖도록 노력해야 한다.

(4) 기주저항성을 이용한 예방적 병 방제

감수성 품종 대신 저항성 품종을 육성하여 재배하는 것은 가장 이상적이며 확실한 방제법으로 각광을 받고 있으며 저항성 품종 육성은 가장 이상적인 병 예방법이다. 그러나 저항성 유전자는 유전적 지배를 받는 동시에 여러 가지 환경요인에 영향을 받으므로 중도 저항성 품종이라도 재배관리를 철저히 하면 저항성을 증대시킬 수 있다.

즉 어느 병에 저항성 품종이라도 시비, pH 및 미량원소의 결핍 등으로 인하여 저항성을 유지하지 못하는 경우는 종종 있다. 진정 저항성 유전자를 가지고 있어도 품질이 좋은 품종을 육성하기 위하여 교배를 되풀이하는 단계에서 저항성 유전자를 잃게 되는 경우가 있기 때문이다. 따라서 품종 저항성이란 개념은 절대적 개념이 아니라 상대적 개념이라는 의미이다.

■6■ 과수 병해 방제의 기본

(1) 월동기 방제

포도 등 과수는 영년생 작물로 월동기 방제의 개념이 중요하다. 전년도에 병이 발생하여 나무줄기, 거친 껍질 및 낙엽 등에서 월동하고 있는 병원균을 제거하거나 초기밀도를 낮추어 생육기 방제를 수월하게 하고, 병원균이 활동하기 전에 방제가 가능하며, 약제가 잘 도달하여 방제효과 높은 장점이 있다. 병원균의 월동처가 되는 전년도 낙엽과 병든 줄기 등을 제거하고 거친 껍질을 벗겨 주며, 석회유황합제를 살포하여 광범위하게 보호효과를 노리는 것이다.

(2) 병이 적게 발생되도록 하는 재배관리

과원 내 수관이 지나치게 복잡하면 바람과 햇볕의 통과가 잘 되지 않아 수관 내 온도가 상승하고 이슬이나 비가 내린 후 수분이 쉽게 마르지 않아 습도가 높게 유지되어 병이 많이 발생하는 환경이 조성된다.

병 발생은 온도 및 잎이나 줄기 표면에 수분(물기)이 존재하는 시간과 깊은 관계가 있으므로 바람과 햇볕이 잘 통하도록 관리하여 강우 후 빗물이 빨리 마르도록 하여 나무를 건강하게 키우면 병 발생을 줄일 수 있다.

한편 토양이 과습하면 나무가 연약하게 자라고 병에 대한 내성이 약해지며, 특히 날개무늬병 등 토양전염성 병은 배수가 불량한 토양에서 발생이 많으므로 배수관리를 철저히 한다. 또한 질소 시비 과다는 나무를 도장시키거나 연약하게 하여 병에 약해지므로 과다한 유기물 사용도 피해야 하며 특히 완전히 부숙되지 않은 유기물 시용에는 주의해야 한다. 과수의 경우 봉지재배를 통해 많은 병 발생을 억제할 수 있으나, 봉지씌우기 전에 철저한 약제방제를 실시한다.

2. 포도 주요 병해 발생생태 및 방제 

1 잎말림병(葉卷病, Leaf Roll)

(1) 병원체 : *Grapevine Leafroll Virus* (GLRV)

긴 실모양의 입자를 가진 Closteroviridae과(family)의 Ampelovirus속(genus)에 속하는 Grupevine Leafroll-associated Virus3(GLRaV-3)가 주요 병원 바이러스로 보고되어 있다.

(2) 병징

잎 가장자리가 아래쪽으로 말리고, 녹색의 잎맥은 넓어지고 잎맥 사이는 노란색이나 적색으로 변하기도 하며 잎 가장자리가 타는 듯이 괴사한다. 심하면 포도나무 전체가 붉은 색이나 노란 색을 띤다. 생육초기에는 수분 부족인 것처럼 시들지만 생육후기 특히 수확기부터 낙엽기에 증상이 확실해진다.

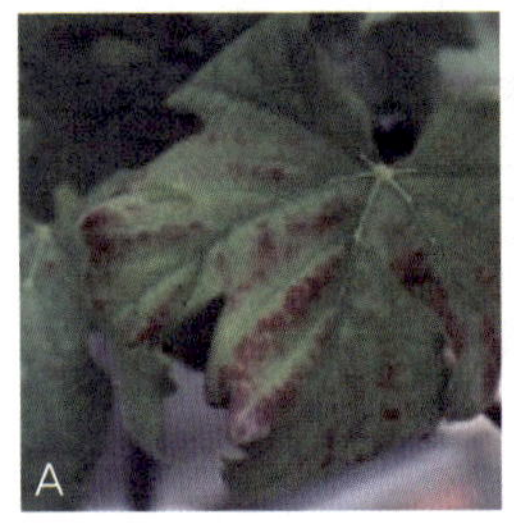

A : 적색계 품종의 포도 잎말림바이러스에 의한 전형적인 증상
B : 백색계 품종의 증상 C : 〈루비〉 품종에서의 감염주 증상

〈그림 7-1〉 GLRaV-3의 병징

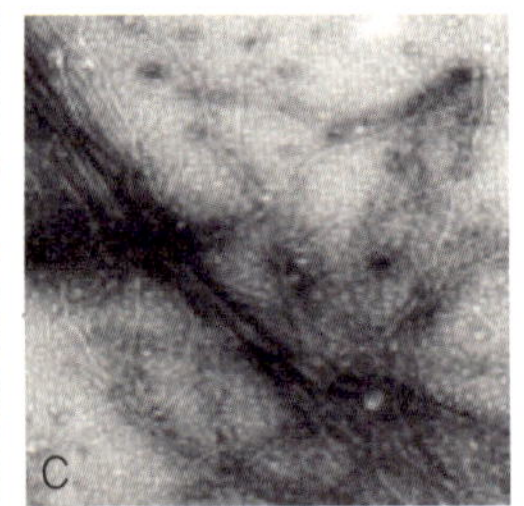

A : 바이러스 감수성 품종 'LN33'에 나타난 절간단축 및 위축 증상
B : 'LN33'에 나타난 절간비대와 수피균열 증상, C : GLRaV-3입자

〈그림 7-2〉 GLRaV-3의 접목검정 및 바이러스 입자

(3) 발생환경 및 특징

포도나무를 죽게 하지는 않지만 수량을 약 20% 감소시키고 숙기를 지연시킨다. 감염되거나 잠복 감염된 삽수, 대목 또는 묘목에 의해 전염된다.

(4) 방제법

무병묘를 사용하는 것이 유일한 방제법으로 접목할 때 바이러스에 감염되지 않은 삽수와 대목을 사용하고, 전정가위 등 작업도구에 의한 확산을 차단한다. 깍지벌레에 의한 전염은 사전에 매개충을 방제하여 병의 전파를 막는다.

2 잎반점병 (Fleck)

(1) 병원체 : *Grapevine Fleck Virus* **(GFkV)**

구형 입자를 가지는 바이러스로서 식물체의 사부조직에만 존재한다.

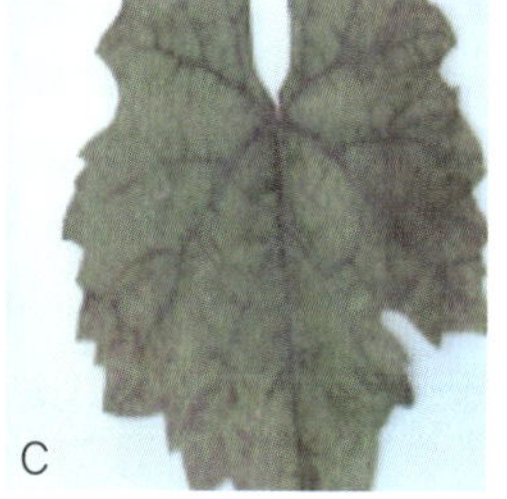

A : 포도 잎맥 사이의 투명화, B : 잎맥 주변의 얼룩증상
C : 머루 잎의 잎맥 갈변증상

〈그림 7-3〉 GFkV의 증상

(2) 병징

포도 품종에 따라 나타내는 병징이 다르지만 완전히 전개된 잎에 잎맥을 따라 작은 투명한 반점들이 규칙적으로 보인다. 특히 머루에서는 잎맥이 갈변하면서 괴사되는 증상을 나타내기도 한다. 품종에 따라 잎 가장자리의 잎맥이 쭈글쭈글해지고 볼록해지면서 모자이크 증상이 나타나기도 한다. 우리나라의 포도원에서 잎말림바이러스와 함께 감염률이 높은 바이러스이며 품질에 영향을 미쳐 상품성을 떨어뜨리는 요인이 된다.

(3) 발생환경 및 특징

접목에 의해 주로 전염되고 매개곤충에 의한 전염은 아직까지 보고되지 않았다.

(4) 방제법

약제에 의한 방제는 불가능하므로 바이러스에 걸리지 않은 무독 묘목을 재배한다. 접목 시 건전한 접수를 사용하는 것이 바이러스병의 확산을 막는 지름길이다.

■3 바이로이드병(Viroid Disease)

(1) 병원체 : *Grapevine Yellow Speckle Viroid-1*(GYSVd-1), *Grapevine Yellow Speckle Viroid-2*(GYSVd-2), *Hop Stunt Viroid*(HSVd)

(2) 병징

　GYSVd-1과 GYSVd-2, HSVd 한 가지 종만 단독감염되었을 때는 뚜렷한 피해 증상을 나타내지 않는 경우가 많다. 바이러스와 바이로이드가 복합 감염되었을 경우 잎에 심각한 피해증상을 나타내고 있는 것이 확인되었다. 홉스턴트바이로이드(HSVd)와 포도 잎말림바이러스, 플렉바이러스 3종이 복합 감염되었을 때 잎에 모자이크 증상과 기형화가 심하게 나타났으며, 품질도 불량해지고 수량이 약 30% 감소되었다.

(3) 발생환경 및 특징

　바이로이드의 전염은 과수에서 주로 감염 식물체로부터 접수를 채취하여 접목하는 경우에 전염될 확률이 가장 높다. 또한 전정 및 접목 작업 시 도구에 의한 전염 가능성도 배제할 수 없을 것으로 판단된다.

〈그림 7-4〉 바이로이드와 바이러스 복합감염에 따른 모자이크 증상

(4) 방제법

바이로이드 병도 바이러스 병과 마찬가지로 농약살포에 의한 화학적 방제가 불가능하므로 건전한 대목과 접수를 이용하여 묘목을 생산하는 것이 가장 중요한 예방법이다.

접목전염성 병해로부터 나무를 보호하기 위해서는 작업도구 소독 등의 방법으로 병의 감염을 사전에 예방하는 것이 중요하다. 사전에 정밀하게 진단하는 것이 병의 사전예방에 필수적인 과정이므로 전문기관의 도움을 받아 도입품종이나 의심주를 진단하여 조기에 도태시켜야 한다.

4 뿌리혹병(根頭癌腫病, Crown Gall)

(1) 병원체 : *Agrobacterium vitis*

그람음성 세균으로 토양 속에서 오랫동안 생존이 가능하고 상처를 통해 식물 세포에 식물호르몬을 만드는 유전자를 삽입시켜 혹 형성을 유도한다.

(2) 병징

포도나무의 뿌리, 땅가 부위 및 줄기 등에 혹이 생기며, 줄기에 생기는 혹은 일반적으로 줄기의 내부로부터 혹이 형성되면서 밖으로 밀려나온다. 환상박피 부위, 곤충 가해부위 및 동해에 의해 상처부위에 흔히 혹이 생긴다.

〈그림 7-5〉 나무 줄기에 형성된 다양한 크기 및 형태의 혹

(3) 발생환경 및 특징

포도나무의 뿌리, 지제부 및 줄기에 혹이 생겨서 포도나무의 수세를 약화시키고, 포도의 품질저하 및 수량 감소를 초래하며, 심하면 포도나무를 고사시킨다. 국내에서는 거봉, 자옥 등 동해에 약한 대립계(4배체)에서 발병이 매우 심하다.

병원균은 세균으로 기주식물체 없이 토양에서 오랫동안 생존이 가능하고 곤충 및 접목 작업과정 등에 의해 생긴 상처를 통해 감염된다. 최근에는 잔뿌리를 직접 가해하여 침입하는 것으로 추정하고 있으며, 상처부위에 바로 혹을 만들지만 일부는 포도나무의 도관에 살아가다가(잠복감염), 동해에 의해 생긴 상처나 동해를 막기 위해 땅에 묻는 과정에서 생기는 가지와 줄기의 내부의 상처를 통해 감염되어 혹이 밖으로 밀고나오는 병징을 흔히 볼 수 있다. 병원균은 혹을 형성하지 않고 포도나무 도관에 오랫동안 생존이 가능하다.

(4) 방제법

농약이나 미생물제를 포함한 어떠한 제제로도 발병을 막거나 병을 치료할 수 없다. 즉 현재까지 방제에 효과적인 농약이 존재하지 않는다. 가장 중요한 방제법은 병원균에 감염되지 않는 건전한 묘목을 사용하고, 병이 발생했던 포장에서는 대립계 포도 같은 감수성 품종을 재배하지 않는 것이다. 대립계 포도의 묘목을 자가 생산할 경우 병원균이 감염되지 않는 포도나무에서 삽수를 얻어 묘를 생산하여 사용한다.

그러나 포도나무 및 토양에 병원균의 감염여부를 판단하는 것은 매우 어렵다. 따라서 확실하게 무독묘를 생산하는 업체나 공공기관에서 묘를 구입하여 사용하는 것이 안전하다.

병에 감수성인 대립계 포도나무는 겨울철에 동해를 입지 않도록 관리하는데, 동해방지를 위해 줄기와 가지를 땅에 묻는 경우 줄기와 가지의 내부에 물리적 상처가 생기지 않도록 최선을 다한다. 병이 많이 발생한 포장에는 저항성 품종을 재배하거나 4~5년 동안 곡류나 옥수수를 재배하여 토양 속의 병원균의 밀도를 낮춘 후 포도재배를 다시 한다.

(1) 병원체 : *Candidatus* Phytoplasma

병원균은 대추나무 빗자루병을 일으키는 것과 동일한 그룹으로 직경이 0.3~1.0㎛이고 모양은 공모양 또는 불규칙한 타원형이다.

(2) 병징

파이토플라즈마병에 의한 주된 증상은 총생으로 우리나라에서는 지금까지 대추나무 빗자루병의 발생이 보고되어 있었다. 포도에서는 2005년에 국내에서 처음으로 캠벨얼리 품종에서 파이토플라즈마 감염으로 총생화와 잎이 가늘어지는 세엽, 꽃눈이 비정상적으로 많이 발생하는 다화아 증상을 확인하였다.

〈그림 7-6〉 파이토플라즈마 감염 증상

(3) 발생환경 및 특징

파이토플라즈마는 접촉에 의해서는 전염이 어렵지만 매미충이나 나무이, 멸구류에 의해서 전염되므로 감염 포장 내 확산이 빠르게 진행될 수 있다.

(4) 방제법

건전한 무병 묘목을 사용하는 것이 병의 방제를 위한 근본적인 대책이다. 항생제, 특히 테트라사이클린 계통의 사용으로 병징 발현을 일부 억제할 수 있어 재배농가에서 활용되고 있는 실정이다. 특히 포도에서 처음 발견된 파이토플라즈마병의 경우 주변의 대추나무 빗자루병과 동일한 그룹의 파이토플라즈마병인 것으로 확인되어 대추나무로부터 전염되었을 것으로 추정하였다.

따라서 파이토플라즈마병의 전염 예방을 위해서는 밭 주변에 대추나무 재식을 피하도록 하고 매미충류 등 매개충의 방제에 적극 노력해야 한다.

6 갈색무늬병(褐斑病, Leaf Spot)

(1) 병원체 : *Pseudocercospora vitis*

불완전균으로 10~30개의 분생자경에서 분생포자를 만든다. 분생포자는 잎 뒷면의 기공을 통하여 침입하며 15~20일의 잠복기를 거쳐 발병한다.

(2) 병징

잎에 흑갈색의 점무늬가 생기고, 갈색으로 변하며 심하게 병에 걸린 잎은 일찍 낙엽이 된다. 병이 진전됨에 따라 병반이 점차 확대되어 서로 합쳐져 잎마름 증상을 나타내며, 유럽종에서는 드물게 나타나며, 원형이나 타원형의 흑갈색 병반으로 크기는 미국종보다 작다. 품종에 관계없이 병반 뒷면에는 그을음 같은 가루가 생기는 것이 특징이다. 이것은 모두 갈색무늬 병균의 분생포자들이다. 한 개의 잎에 한 개에서 수십 개의 병반이 형성된다.

〈그림 7-7〉 잎 앞면의 갈색무늬병 병반

〈그림 7-8〉 두 병반이 합해지는 모습과 발병 후기 낙엽 직전의 병든 잎

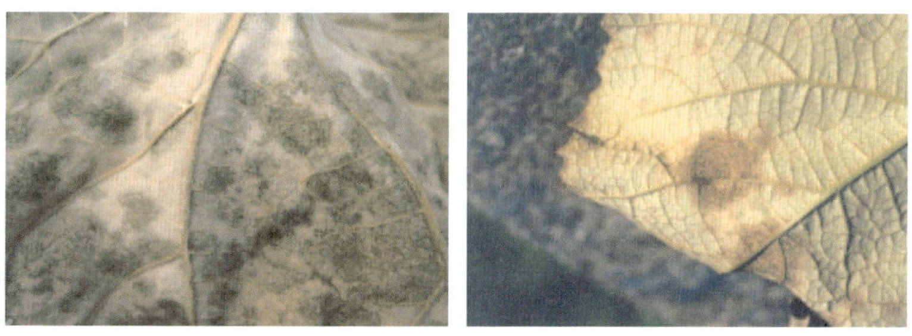

〈그림 7-9〉 잎 뒷면의 갈색무늬병 병원균이 밀생하고 있는 모습

(3) 발생환경 및 특징

5~6월의 강우로 형성된 분생포자는 잎의 뒷면에 있는 기공을 통하여 침입하고 약 15일의 잠복기간을 거쳐 병반을 형성한다. 7월 또는 해에 따라서 6월 하순부터 발생하기 시작하며 8~9월에 발생이 가장 많다.

밀식 과원에서는 월동 전염원이 많아 발생이 많고 장마기가 길고 비가 잦은 해에 많이 발생된다. 병 발생이 많아서 일찍 낙엽이 되면 당해 연년도 과실의 당도를 20%까지 저하시키기도 하며 월동과 다음해 착과, 결과지 생장 등에 심각한 영향을 미친다.

(4) 방제법

포도나무의 세력이 약한 나무에 잘 발생하므로 질소가 많지 않도록 하는 비료관리와 햇빛과 바람이 잘 통하도록 나무관리에 주의하고, 물빠짐 등에도 유의한다. 전염원이 되는 병든 낙엽은 긁어모아 태워 버리고, 3월 중·하순경 포도나무의 발아 전에 석회유황합제를 살포한다.

생육기에는 탄저병 방제를 겸해서 적용약제를 잎 뒷면 중심으로 충분히 살포하고, 병 발생시기와 장마철이 중복되는 경우가 많으므로 약제 살포시기를 놓치지 않도록 주의하여야 한다.

7 균핵병(菌核病, Sclerotinia Rot)

(1) 병원체 : *Sclerotinia sclerotiorum*

식물병원 균류의 일종으로 자낭균류에 속한다. 균사는 0~30℃에서 생육하고, 적온은 15~24℃이며, 자낭각 형성의 적온은 15~16℃이다.

(2) 병징

연약한 신초에 주로 발병하는데, 가지에 물에 데친 듯한 모양의 병반이 생기고, 손가락으로 누르면 표피는 부서진다. 병이 진행되면 목질부까지 무름증상이 생기고, 상부는 마르고 고사한다. 병반부에는 곧 흰색의 균사가 발생하여 후에 균핵을 형성하고, 목질부에도 흰색의 균사가 발생하여 균핵이 형성되어 부러지기 쉬운 상태가 된다.

(3) 발생환경 및 특징

병원균은 균핵으로 지면에 떨어져 토양 중에서 월동한다. 다음해 자낭각이 형성되고, 자낭각 위에 새로 자낭포자가 만들어져 바람에 의해 분산되어 포도의 신초에 전염되어 주로 봄부터 발병된다.

(4) 방제법

병 발생이 알려진 지 오래되지 않아 구체적인 방제법이 연구된 바 없지만, 과수원 위생 관리에 주의하고 발아 전에 석회유황합제 살포로 다른 병과 함께 동시방제 효과를 기대할 수 있다. 생육기에 병든 가지 발견 시 우선 제거하여 2차 감염을 막아준다.

〈그림 7-10〉 균핵병에 의한 다양한 가지마름증상과 캠벨얼리 잎에서 병원성

8 꼭지마름병(房枯病, Penduncle Rot, Black Rot)

(1) 병원체 : *Botryosphaeria dothidea*

　자낭균의 일종으로 병포자와 자낭포자를 형성한다. 병자각은 공 모양이나 준구형으로 크기는 130～310×140～310㎛이다. 병포자는 장타원형, 방추형 또는 원통형이며 양끝은 둥근 무색 단세포로

크기는 16. 2 ~ 24. 6×5. 6 ~ 7. 0㎛이다.

자낭각은 플라스크 모양이나 서양배 모양으로 크기는 80 ~ 180 ㎛이다 자낭은 이중막이며 원통이나 곤봉 모양이고 측사를 가지지 않는다. 자낭포자는 타원형 또는 무색 단포로 크기는 14. 3 ~ 23. 7 ×5. 7 ~ 9. 3㎛이다.

(2) 병징

꼭지마름병은 *Botryosphaeria dothidea*(불완전세대: *Macrophoma* 속)라는 병원균이 원인이 되는 경우와 생리적인 원인에 의해 발생하는 경우가 있다. 주로 과실이 익어갈 무렵 과실과 열매꼭지에 발병되는데 소립계보다는 대립계에 피해가 심하다.

병원균에 의한 경우에는 어린 열매꼭지에 발병하면 담갈색 점무늬가 생기고 이것이 확대되면 포도알이 검게 되거나 검은 보랏빛으로 되어 시든다. 열매꼭지는 부분적으로 마르고 포도 알의 생육은 현저하게 불량하게 되어 쭈글쭈글해 진다.

〈그림 7-11〉 꼭지마름병에 걸린 포도 송이축의 마름증상

(3) 발생환경 및 특징

병원균 *Botryosphaeria*는 포도뿐만 아니라 사과에 겹무늬썩음병도 일으키는 기주범위가 매우 넓은 곰팡이이다. 병원균은 병든 과실이나 가지의 병환부에서 병자각이나 자낭각 및 균사상태로 월동하였다가 이듬해 적당한 환경에서 누출된 병포자나 자낭포자로 전염한다. 생리적인 원인에 의해 발생하는 경우 과실이 익어갈 무렵 포도송이의 중간 및 아랫부분의 포도알이 선명하게 착색되지 않고 떨어지게 된다.

(4) 방제법

합리적인 비료관리와 물빠짐이 좋게 관리하여 나무의 세력을 잘 유지하도록 하고, 병든 포도 송이는 바로 제거하고 봉지재배나 비가림재배를 한다. 약제방제는 장마기에 예방 위주로 철저히 방제하는데, 잠복기가 길어 성숙기에 발병하면 방제하기 곤란하므로 1차 전염을 막는 것이 중요하다. 약제는 낙화 후부터 8월 하순까지 살포한다.

우리나라에는 아직 등록된 약제가 없지만 사과겹무늬썩음병에 등록된 약제 중 포도에 등록된 약제인 가벤다·이프로수화제, 만코지수화제, 지오판·리프졸수화제, 탄수화제 등이 있으므로 참고한다. 포도 탄저병, 새눈무늬병의 방제로 꼭지마름병도 방제가 가능하다.

9 노균병 (露菌病, Downy Mildew)

(1) 병원체 : *Plasmopara viticola*

균사는 격벽을 가지고 있으며, 세포막은 얇고 분생포자(유주자낭)와 난포자를 형성한다. 난포자는 휴면 후에 발아해서 정단에 분생포자를 생성한다. 환경조건이 좋은 조건에서는 발아하여 60개 이상의 유주자를 생성한다.

(2) 병징

여름부터 가을에 걸쳐 발생되며 주로 잎에 발생되나 새순과 과실이 피해를 입기도 한다. 잎에서의 병반은 초기에는 윤곽이 확실하지 않은 담황록색의 병반이지만 이 부분을 햇빛에 비추어 보면 마치 기름이 밴 것처럼 보인다. 병반 형성 4~5일 후에 잎의 표면에 흰백색의 흰가루병과 비슷한 곰팡이가 생긴다. 병반은 점차 갈색으로 변하고 심하면 잎 전체가 불에 덴 것 같이 말라 낙엽이 된다.

꽃송이(花穗)와 과실에도 피해가 나타나며 어린 포도 송이에 감염되면 열매꼭지로부터 쉽게 떨어진다. 늦게 감염된 포도알은 시들고 갈색으로 변하며 결국 미라과가 되어 열매꼭지로부터 떨어지게 된다.

(3) 발생환경 및 특징

병든 잎에 형성된 난포자로 월동하며 병반 1㎟ 내에 200~600개 이상의 난포자가 있다. 이것은 토양에서 2년 이상 생존하며 다음해

〈그림 7-12〉 포도잎 앞면의 초기, 중기, 후기의 노균병 병징

〈그림 7-13〉 포도잎 뒷면의 초기, 중기, 후기의 노균병 병징

4월경에 온도가 11℃ 이상이 되고 10㎜ 이상의 강우가 있으면 발아하여 대형 분생포자를 형성한다. 난포자 형성 후 저온에서 3개월 정도의 휴면기 후에 다시 수분을 함유하여 발아한다. 이러한 분생포자가 비산해서 제1차 전염원으로 되고 약한 잎, 줄기 등에 도달한 후에 발아해서 감염한다.

유주자는 엽상의 수적을 유영해서 기공 부근에 도달하면 운동을 멈추고 발아하여 침입한다. 감염은 20℃일 때 1시간 정도 걸리고, 29℃까지의 범위 내에서는 기온이 높을수록 빠르다. 잠복기간은 온도에 따라 다르며 5월 중순경에 10~12일, 6~7월에는 4일 정도이다.

포자형성은 주로 야간에 이루어지고 고습도일 때에 가장 왕성하다. 병반에 다량으로 형성된 분생포자는 바람에 의해 잎과 과실을 침입하여 2차 감염한다. 감염은 5월경부터 늦가을까지 발생하지만 한여름에는 발병이 일시 정지된다. 어린 과실에 발병하면 과실의 표면에 백색의 곰팡이를 생성하지만 과실의 직경이 2㎝ 정도면 포자를 만들어 회백색이나 담황갈색으로 변하며 일소증상을 나타낸다.

(4) 방제법

병원균이 피해낙엽에서 월동하므로 낙엽은 되도록 철저히 모아 묻거나 태워 버린다. 나무 아랫부분에 짚이나 비닐로 피복하여 빗물이 튀어 전염되는 것을 막아주고, 질소질 비료를 과다시용하지 말고 저항성 품종을 심는다.

발아전에 석회유황합제를 살포하고, 일단 발병하면 방제가 어려우므로 감수성 품종에서는 발병 전 예방약제를 살포한다. 이르면 개화전의 꽃송이(화수)에도 발생되므로 발생이 심한 포도원에서는 개화기 전부터 10일 간격으로 침투성 살균제를 살포한다.

약제살포 시 유의할 점은 주로 잎의 뒷면을 통해 침입하므로 잎 뒷면에 약제가 잘 묻도록 하고, 특히 유목이나 세력이 강한 나무에서는 초가을까지 발병이 계속되므로 약제를 살포한다. 노균병 방제의 관건은 병이 발생되기 시작하여 급속도로 확산하는 장마철에 시기를 놓치지 않고 약제를 살포하는 것이다.

10 녹병(銹病, Rust)

(1) 병원체 : *Phakopsora ampelopsidis*

담자균의 일종으로 포도에서는 하포자퇴 및 동포자퇴를 형성하나 우리나라에서는 하포자로 월동한다. 하포자는 뒷면에 하포자퇴를 만들고 약간 돌출된 모양이며 직경이 0.1~0.5mm이다. 여름 포자의 모양은 알 모양 형, 타원형 또는 장타원형이며 크기는 17~24×10~14μm이다.

(2) 병징

7월경 잎의 표면에 황색의 작은 반점이 생기고 뒷면에는 등황색의 가루모양의 포자 덩어리가 생긴다. 심해지면 잎이 흑갈색으로 변하여 낙엽된다.

(3) 발생환경 및 특징

잎에 발병하여 조기낙엽의 원인이 된다. 병원균은 하포자로 월동하여 봄철에 발아해서 분생자를 내며 4~5월경 기주에 도달해서 침입하고 10일 정도 잠복한 후에 발병한다. 포도에서 발병은 6월 하순경부터 하엽부터 시작되어 병반이 증가하며 표면에 황색의 얼룩을 형성하고 후에 흑갈색으로 변하면서 낙엽된다. 발병은 7월 중·하순의 장마철에서 8월 고온 건조기에 가장 심하다.

<그림 7-14> 포도잎 앞면과 뒷면에서 발생 초기의 녹병 병징

<그림 7-15> 포도잎 앞면과 뒷면에서 발생 초기의 녹병 병징

(4) 방제법

　병든 잎을 모아서 땅속에 묻거나 불에 태워 포도원에 병원균의 밀도가 낮도록 관리한다. 햇빛과 바람의 소통이 불량한 포도원에서 발생이 심하므로 전정과 순치기로 나무관리에 유의한다. 발병이 상당히 진전되고 나서 약제를 살포하면 효과를 기대하기 어려우므로 6월 중순 초기 단계부터 10~15일 간격으로 등록약제로 방제해야 한다. 병원균 침입부위인 잎 뒷면에 충분한 약제가 묻도록 골고루 살포하고, 석회보르도액과 대부분의 유기 살균제로 쉽게 방제되므로 탄저병과 동시방제하면 효과적이다.

12 새눈무늬병(黑痘病, Bird's Eye Rot)

(1) 병원체 : *Elsinoe ampelina*

식물병원 균류 중 자낭균에 속하는 병원균으로 보통 분생포자만을 형성하나 자낭포자를 형성하기도 한다. 병원균의 생육적온은 28℃이며 적온조건하에서도 생장은 극히 늦어 20일 배양 후에도 2㎝밖에 자라지 않는다.

발육최적 pH는 6.3∼7.0이며 탄소원으로 설탕(자당 sucrose) 및 마니톨(manitol)을 좋아하고 질소원으로 아스파라긴산 및 펩톤 등의 유기태질소를 좋아한다.

〈그림 7-16〉 줄기, 잎자루 및 포도 알에서 새눈무늬병 병징

(2) 병징

　봄철 비가 자주 오면 조직이 경화되기 전 어린 잎, 줄기, 덩굴손, 과실에 발생된다. 잎에서는 처음에 가장자리가 적갈색 또는 보랏빛인 연회색 점무늬가 생겼다가 후에 유합되는데 특히 잎 뒷면의 잎맥 인접부 우묵한 곳에 많이 발생한다. 유합된 병반은 구멍이 뚫리고 피해 잎맥은 굽어서 잎이 오그라든다.

　과실에서는 처음에 작은 갈색점무늬가 생겨 점차 검게 확대되면서 약간 오목해 지는데 회색 또는 회백색의 중앙부와 검은색 가장자리 사이에 선홍색 또는 보랏빛 띠가 여러 겹으로 둥글게 되어 마치 새의 눈과 흡사한 병반으로 된다.

　신초에서는 처음에 황백색의 미세한 반점이 나타나 적갈색부터 흑갈색으로 변하여 표면이 까칠한 타원형의 병반으로 되고 끝은 흑갈색으로 되어 고사한다. 병든 가지의 월동병반은 흑갈색으로 오목하고 표면은 갈라져 있으며 병원균은 이곳에서 균사로 월동하다가 이듬해 봄에 불그레한 포자층이 여러 개 생기는 것이 보통이며 포자는 빗물에 의해 전염된다.

(3) 발생환경 및 특징

　병원균은 결과모지나 덩굴손의 병든 조직에서 균사상태로 월동한다. 봄철에 비가 오고 온도가 12℃ 이상이 되면 병반에서 포자가 형성되어 1차 전염되고, 병반 내에 형성된 포자는 빗물에 의해 비산되어 신초, 어린잎 및 꽃송이 등에 침입한다. 발병온도는 20~25℃

로 5월 중순부터 발병하기 시작하며, 포자발아는 수분이 있는 상태에서 12℃의 경우 7~10시간, 21℃에서는 3~4시간 걸린다.

　발아 후 발아관은 표피의 큐티클층을 뚫고 침입한다. 봄철에 기온이 낮고 비가 많을 때에 발생이 심하고 병에 약한 잎에서의 잠복기간은 3~5일이 소요되고, 오래된 잎에서는 잠복기간이 길어진다.

(4) 방제법

　병든 가지, 과실, 덩굴손 등을 제거하고, 질소비료가 과용이 되지 않도록 하며 수세를 충실하게 관리한다. 비에 의해 병원균이 비산되므로 비가림재배로 병 발생을 줄일 수 있고, 월동직후 발아 전에 석회유황합제를 살포한다. 신초가 5㎝ 정도 자란 시기부터 장마철까지의 기간 특히 장마기가 중요한 방제시기이며, 개화까지의 기간에는 2~3회, 낙화후에는 7~10일 간격으로 살포해 준다.

13 잿빛곰팡이병(灰色黴病, Gray Mold Rot)

(1) 병원체 : *Botrytis cinerea*

　식물병원 균류 중 중 불완전균에 속하며 분생포자와 균핵을 형성한다. 분생포자는 무색이나 다량 형성되면 회갈색으로 보인다. 균사 생육온도는 10~30℃이고 포자는 15~20℃에서 가장 많이 형성되지만 7~8℃에서도 형성된다. 균핵의 크기는 수 ㎜ 정도로 비교적 작고 흑색이며 형성적온은 15~20℃이다.

(2) 병징

봄에 꽃과 신초가 감염되어 갈색으로 변하며 마른다. 늦은 봄이나 꽃이 피기 전에는 크고 부정형의 검붉은 반점이 잎에 나타나고, 감염된 꽃은 부패 및 건조되어 떨어진다. 성숙한 과실에서는 상처 또는 표피를 통해 직접 침입하여 전체 포도 송이를 감염시킨다. 습도가 높은 환경에서는 병에 걸린 부위에서 곰팡이가 겉으로 피어나는 것을 관찰할 수 있다.

(3) 발생환경 및 특징

병원균은 재배되는 모든 품종을 가해하며 부생성이 강하므로 노화조직, 죽은 조직과 휴면아 또는 표피 속에 존재하면서 균핵과 균사의 형태로 월동한다. 잎에도 발생하지만 주로 개화기의 꽃과 꽃자루에 발생하거나 생육후기에 성숙한 포도 송이에 발생하여 피해를 준다. 성숙한 포도 알에서는 상처와 과피의 약한 부분을 통해 쉽게 감염되며, 배수가 불량하거나 다습한 하우스 재배에서 발생하기 쉽고, 노지재배에서도 개화 전후 고온다습 조건일 때 많이 발생한다.

〈그림 7-17〉 생육초기 포도 꽃송이에 나타난 잿빛곰팡이병 병징

〈그림 7-18〉 생육 중기 줄기와 잎에 나타난 잿빛곰팡이병 병징

〈그림 7-19〉 포도알 및 송이에 나타난 잿빛곰팡이 병징 및 포자

(4) 방제법

병든 가지나 잎을 땅에 묻거나 태워 월동 병원균의 밀도를 낮춘다. 질소비료의 과용을 피해 잎이나 가지가 너무 무성하지 않도록 하고, 수관내부까지 공기 및 햇빛이 잘 통하도록 관리한다. 포도알의 열과와 곤충에 의한 물리적인 상처를 막아 상처를 통한 감염이 이루어지지 않게 한다. 봉지씌우기는 송이에서 병 발생을 크게 감소시킨다.

병 발생이 좋은 조건이면 약제를 살포하는데, 약제는 예방적으

로 살포해야 효과가 있다. 약제는 개화 직전부터 낙화 직후까지 살
포하는데, 국내에 20종의 농약이 방제 약제로 등록되어 있다. 병원
균이 약제에 대한 내성이 생기는 것을 방지하기 위해서 작용기작(계
통)이 다른 약제를 교호로 살포한다.

14 큰송이썩음병(大房枯病, Berry Rot)

(1) 병원체 : *Pestalotiopsis uvicola [Pestalotia uvicola]*

*Pestalotiopsis uvicola*라는 곰팡이가 병을 일으키고, *Alternaria*,
Cladosporium 등의 다른 곰팡이들도 포도알을 썩게 하는데, 그중
일부는 침입력이 약하여 상처 등을 통하여 침입한다.

Pestalotiopsis uvicola 병원균의 분생포자는 방추형에서 좁은 타원
형이고 4개의 격막이 있으며 분생 포자의 크기는 18~25×5.5~7.5㎛
이다. 중간의 세포는 거의 같은 회갈색이며 중앙부위가 양 끝보다
짙은 색이다. 가늘고 긴 실 모양의 부속사를 2~3개 가지고 있으며
PDA 배양기에서 자라는 균총은 희고 솜털 같은 기중균사를 만들
기도 한다.

(2) 병징

포도알의 표면에 짙은 갈색의 작은 반점이 나타나고 차츰 진전
되면서 껍질 전체가 어두운 갈색으로 바뀌며 쭈그러들어 군데군데
주름이 잡힌다. 시간이 지남에 따라 여기에 검은색의 작은 돌기들
이 생기는데, 이것이 병을 일으킨 곰팡이의 포자덩어리이다. 포도알

〈그림 7-20〉 큰송이썩음병에 의해 썩어 과실이 함몰된 모습

〈그림 7-21〉 성숙 및 착색불량 병징　〈그림 7-22〉 썩은 꼭지(좌)와 건전한 꼭지(우)

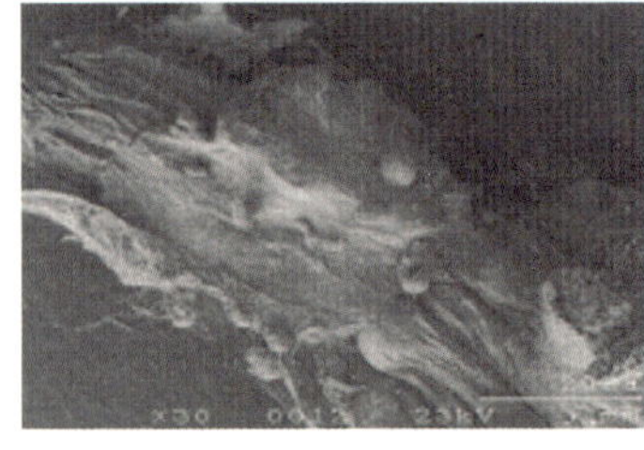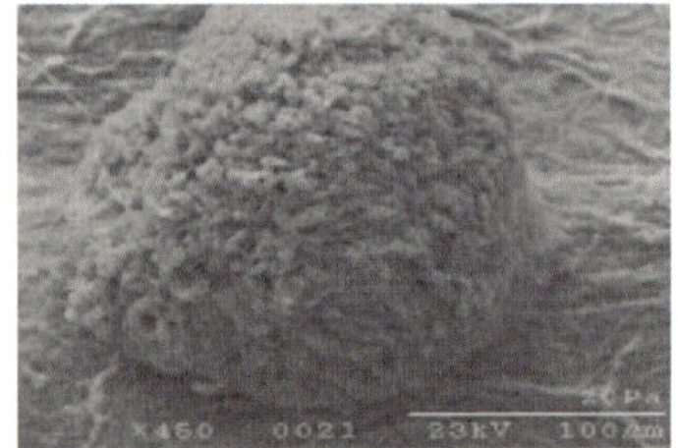
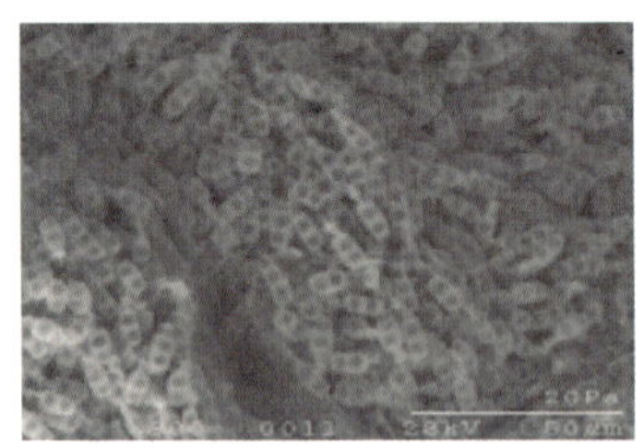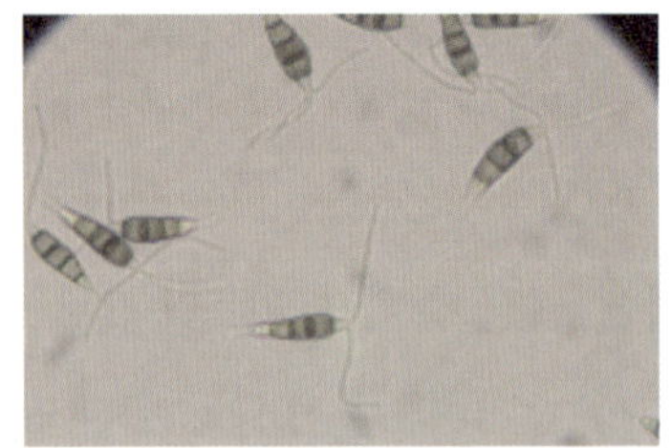

〈그림 7-23〉 열매꼭지 부위에 밀생하는 병원균 및 포자

에 주로 나타나지만 자세히 살펴보면 과경에도 많이 나타나는 것을 볼 수 있다.

(3) 발생환경 및 특징

큰송이썩음병은 꼭지마름병과 매우 비슷한 면이 있지만 병을 일으키는 병원균이 다르다. 병에 걸려 썩은 부위가 꼭지마름병은 송이축인 반면 큰송이썩음병은 열매꼭지 부분이다.

(4) 방제법

피해가 크지 않은 까닭에 아직까지 정확하게 알려진 방제법은 없다. 우리나라에는 아직까지 방제 약제가 등록되어 있지 않고 외국에서도 특정한 약제를 사용하고 있지는 않으며, 다만 베노밀 등 일반 광범위 살균제를 사용하여 탄저병, 새눈무늬병 등과 동시 방제하는 것이 효과적인 것으로 알려져 있다.

15 탄저병(炭疽病, 晚腐病, Ripe Rot)

(1) 병원체 : *Glomerella cingulata*

[무성세대: *Colletotrichum gloeoesporioides, C. acutatun*]

식물병원 균류 중 자낭균에 속하며 분생포자와 자낭포자를 형성한다. 균사의 발육 최적온도는 26~29℃이며 생장 가능한 pH는 3.0 이상으로 당 함량이 5°Bx 이상이면 생장은 양호하다.

<그림 7-24> 포도알에 나타난 다양한 탄저병 병징

(2) 병징

포도나무의 과실, 잎, 가지 등을 침해하고 가장 큰 피해는 성숙된 과실을 부패시켜 상품가치가 없게 하는 것이다. 어린 과실에서의 증상은 새눈무늬병과 비슷하여 혼동하기 쉬우며 담갈색에서 흑갈색의 작은 반점을 형성하지만, 과립 내에 산의 함량이 높아 균사의 발육이 억제되어 병환부가 표피에 머물러 있기 때문에 전체적인 부패는 일으키지 않는다.

성숙된 과실에서는 병반이 점차 확대되어 흑색의 소립점부터 점질의 포자괴(분생포자)를 형성하고 비가 많이 오면 송이 내의 과립으로 침입하여 송이 전체가 썩는다. 부패과는 시간이 경과함에 따라 미라과가 된다.

(3) 발생환경 및 특징

여름철에 비가 잦은 우리나라에서는 매년 발생이 심한 병으로 방제를 소홀히 하면 포도를 거의 수확하지 못할 정도로 치명적인 피해를 주는 병이었으나 최근에는 봉지재배, 비가림재배 및 시설재배 등이 많아 피해가 많지 않은 병으로 분류된다.

병원균은 결과모지, 과경흔에서 균사로 월동한 후 강우가 있고 평균 온도가 15℃ 이상이 되면 분생포자를 형성한다. 포자형성 최성기는 6~7월의 장마기이며 형성된 분생포자는 빗물에 의하여 분산 및 전염된다.

과실의 전형적인 발병은 착색기에 과립이 점차 연하게 되고 증가한 병원균이 빗물에 의해 과립표면까지 도달하면 4~6일의 잠복기간 후에 발병한다. 보통 6월 중·하순부터 7월 중순까지 월동처로부터 1차 전염되는 것과 성숙기에 병든 과실로부터 2차로 전염된다.

(4) 방제법

탄저병의 발생정도는 포도원의 재배환경과 관리방법에 따라 크게 차이가 난다. 따라서 철저한 포장관리와 더불어 약제살포에 주의를 기울인다. 빗물에 의해 전염되므로 늦어도 6월 하순 포도알이 콩알만 한 크기 때까지 봉지씌우기를 끝내고, 밀식을 피하고 전정을 통해 나무속까지 햇빛과 바람이 잘 통하도록 관리한다.

질소비료의 과다사용을 피하고 배수가 잘 되도록 하며, 전정 시 병든 송이, 덩굴손 등을 제거하고 생육기에도 병든 과립은 발견하는 대로 솎아주거나 송이째 따준다. 월동 병원균의 방제를 위해 포도나무 발아 전에 석회유황합제를 살포하고, 생육기의 약제살포는 발아 후부터 10~15일 간격으로 살포하되 7~8월의 비가 잦을 때에는 7~10일 간격으로 살포한다.

특히 개화 전 약제살포를 소홀히 하기 쉬운데 이때는 결과모지에서 포자가 형성되어 전파되는 시기이므로 약제를 살포하여 1차 전염을 막아준다.

16 흰가루병(白粉病, Powdery Mildew)

(1) 병원체 : *Uncinula necator*

식물병원 균류 중 자낭균에 속하며 자낭포자와 분생포자를 형성한다. 균사는 기주의 표면에 기생하면서 흡기를 표피세포 내로 침입시켜 양분을 흡수하고, 병원균의 발육온도는 10~35℃이며 최적온도는 24~32℃이다.

〈그림 7-25〉 포도잎에 나타난 흰가루병 병징

〈그림 7-26〉 송이에 나타난 흰가루병 병징

(2) 병징

신초, 잎, 꽃송이 및 과립 등에 발생하며 발병이 심한 경우는 발아 후부터 신초 전체가 말라 위축된다. 잎에는 3~5㎜ 정도 원형의 황록색 반점을 생성하고, 표면에 담백색의 포자덩이로 퍼져 나간다. 어린잎은 뒤틀리거나 위축되고 황백색으로 탈색되면서 낙엽이 되며 가지에는 회백색의 곰팡이를 만들고 후에 적갈색에서 암갈색으로 변하게 되며 발병이 심하면 신장 및 비대가 불량하게 된다. 송이에서는 유과기부터 성숙기까지 감염하고 송이축 및 포도알 등에 회백색의 곰팡이를 만든다.

(3) 발생환경 및 특징

병든 부위 또는 눈의 인편 등에 부착하여 균사상태로 월동하고 다음해 개화기를 전후하여 포자를 형성하여 어린잎에 전염한다. 그 늘진 부위나 연한 조직을 가해하므로 개화기부터 가을에 걸쳐 새 가지, 꽃송이, 노출된 잎의 뒷면 그리고 수관에 가려진 잎과 과실에 발병한다. 병반에 형성된 분생포자는 바람에 비산되고 강우가 계속될 때보다 오히려 적당한 온도가 유지되고 일조가 많은 때에 발병이 많다.

병원균의 활동은 24~30℃일 때에 가장 왕성하므로 이른봄부터 초여름까지 기온이 높은 날이 계속되고 강우가 적을 경우 발병이 많다. 발병은 5월 상·중순부터 시작하여 10월까지 계속되며 최대 발생시기는 6월 하순~7월 상순으로 유럽 품종에서는 성숙 전 과실에서 발생하여 착색을 나쁘게 하고 열과의 원인이 되기도 한다.

(4) 방제법

병반이 있는 가지는 제거하고 병든 포도알은 발병 초기에 따 버린다. 바람소통이 불량한 과원에서 발생이 심하므로 전정과 순치기로 바람과 햇빛이 잘 통하도록 관리한다. 병든 가지는 병원균의 월동 장소이므로 제거하고 피해낙엽은 모두 모아 땅속 깊이 묻거나 불에 태운다.

월동 이후에 석회유황합제를 나무 전체에 살포하고 과경에 발병되는 것을 방지하기 위해서 과립이 밀착되기 전에 보르도액을 살포한다. 대립계의 다발품종에는 개화전(5월 중·하순)에 1~2회, 낙화후의 유과기부터 7월 중순 사이에 2~3회 적용약제를 살포한다.

17 흰얼룩병(가칭, White Mottled Disease)

(1) 병원체 : *Acremonium acutatum, Trichothecium roseum*

포도나무의 결과지와 과실에 주로 착색기 이후에 습한 날씨가 계속되는 해에 많이 발생하는 흰얼룩병의 원인 미생물을 분리한 결과 9종 이상의 미생물이 분리되었다. 분리한 미생물을 건전한 포도나무의 결과지에 다시 접종한 결과 *Acremonium acutatum*균과 *Trichothecium roseum*균 2종류에서 같은 증상이 재현되었다. 국내 다른 연구팀에서는 유사한 증사에 대하여 *Hanseniaspora (Kloeckera)* sp.라는 일종의 효모에 의한 포도 흰얼룩병을 보고한 바 있다.

따라서 포도 흰얼룩병은 이들 2종 또는 그 이상의 미생물이 단독 또는 혼합하여 표면에 기생하여 발생하는 것을 알 수 있었다. 또한 주사전자현미경을 통한 검경 결과 다른 일반 식물 병원균들이 식물체의 조직을 침입하는 반면, 이들 미생물은 단지 표면을 감싸고 있고 조직 속으로는 침입하지는 않는 것을 관찰하였다.

〈그림 7-27〉 포도알과 가지에 나타난 흰얼룩병 증상

(2) 병징

포도나무의 결과지와 과실에 성숙기 이후 주로 나타나는 증상으로 흰얼룩이 결과지나 과실의 표면을 덮고 있어서 마치 흰가루병과 유사한 증상을 나타낸다. 그러나 관여하는 미생물은 흰가루병균과는 전혀 다른 부생성이 강한 미생물 2종 또는 그 이상이며, 과실 조직을 침입하여 해를 끼치지는 않으나 과실의 외관을 해쳐 상

품성을 저하시키고 심지어 약제를 과다 살포한 것으로 오해하기도
한다.

(3) 발생환경 및 특징

부생성이 강한 미생물이 논 주위에 심겨진 포도원처럼 주변의 습
도가 높거나, 환기가 불량한 시설에서 많이 발생하고 있다. 또한 친
환경 농업을 실천하면서 전반적으로 약제살포가 극히 적거나 없는
경우에 심하며, 약제대용으로 살포하는 제제에 포함된 당분도 미생
물 증식을 조장하는 것으로 알려지고 있다.

(4) 방제법

포도나무에 등록된 살균제 중 약제계통별로 1종씩을 처리하여
방제효과를 검토한 결과 흰가루병에 등록되어 사용하고 있는 디페
노코나졸 유제가 시험 약제 중에 가장 효과적으로 억제하였고, 친
환경농자재로는 석회보르도액을 예방적으로 살포한 경우에도 방제
효과가 인정되었다(원예원). 월동기 약제로 디페노코나졸을 1회 살
포 후 발병 초기부터 유황을 2회 이상 살포하면 흰얼룩병 방제에 효
과적이다(한경대).

1 포도호랑하늘소(*Xylotrechus pyrrhoderus* Bates)

(1) 형태

성충은 11~15㎜ 정도의 작은 하늘소로서 몸 색깔은 검은색이며 머리는 적갈색이고, 날개에 3개의 노란 띠가 있다. 유충은 13~17㎜ 정도로 머리 부분이 뭉뚝하며 황백색이다.

(2) 피해증상

유충이 줄기에 있는 눈 부분으로 뚫고 들어가 목질부를 가해하므로 피해 받은 줄기 윗부분이 말라 죽는다. 5월경 가해부위에 수액이 흘러나와 초기발생을 확인할 수 있다. 피해가 진전되면 바람이나 작업 중에 가해진 물리적인 힘에 의해 피해부위가 꺾이고, 피해가 심한 경우 거의 수확을 못할 정도로 손실을 입힌다.

〈포도호랑하늘소 성충〉　　〈피해 줄기〉　　〈유충〉

〈그림 7-28〉 포도호랑하늘소 형태와 피해증상

(3) 발생생태

  1년에 1회 발생하고 피해 가지 속에서 어린 유충으로 월동한다. 4월 상순부터 월동유충이 활동하며 줄기의 내부로 먹어 들어간다. 줄기 내부에서 번데기가 되며 7월 하순경부터 성충이 발생하기 시작하여 9월 중순까지 계속된다. 성충은 인편의 틈새에 대부분 산란하지만, 눈과 잎자루 사이에도 낳는다. 알은 약 5일 후에 부화하여 눈을 통해 표피 밑의 목질부에 얕게 먹어 들어가 형성층을 먹다가 3㎜ 정도 크기의 유충으로 월동에 들어간다.

  포도호랑하늘소는 다른 해충과는 달리 똥을 밖으로 배출하지 않고 구멍에 그대로 두기 때문에 외관상 발견하기 어렵다. 그러나 잎이 떨어진 뒤 주의깊게 가지를 살펴보면 피해를 입은 가지의 껍질이 검은색으로 변해 있다.

(4) 방제법

  가장 효과적인 방제는 전정할 때 피해가지를 제거하여 태워 버리는 방법이다. 발생이 많은 경우는 포도 수확 후 성충발생 최성기인 8월 하순~9월 상순에 전문약제를 살포한다. 가지 속으로 침입하여 피해를 받은 후에서야 발생이 확인되므로 발생이 적은 농가에서도 주의를 기울일 필요가 있다.

〈포도유리나방 성충〉　　　〈피해 신초〉　　　〈유충〉

〈그림 7-29〉 포도유리나방 형태와 피해증상

② 포도유리나방(*Nokona regalis* Butler)

(1) 형태

성충은 언뜻 보기에 벌과 비슷하게 보인다. 몸은 검은색이고, 머리, 목, 가슴의 양쪽에 노란 반점이 있으며 배 끝 몇 마디에 노란 띠가 있다. 유충은 엷은 노란색 내지 붉은 자주색이며 온몸에 가는 털이 드문드문 나 있다. 번데기는 18㎜가량이고 배마디의 등 쪽에 가시털이 있고 갈색이다.

(2) 피해증상

유충이 새가지 속을 파고 먹어 들어가며, 유충이 들어 있는 부분은 줄기가 볼록하게 부풀어 있다. 유충이 파먹어 들어가면 새로 나온 가지 끝이 시들시들 마른다.

(3) 발생생태

1년에 1회 발생하고 피해가지 속에서 유충으로 월동한다. 4월 하순부터 5월 상순에 번데기가 되고 5월 중순부터 6월 상순에 성충이 나타난다. 암컷 성충은 신초의 잎맥에 하나씩 산란하며 부화유충은 신초 속으로 파고 들어간다.

유충이 들어간 구멍은 자주색으로 변하고 말라버린다. 들어간 구멍으로 똥을 배출하며 자람에 따라 점차 아래쪽으로 먹어 내려가는데 처음의 피해가지는 건전한 가지와 별 차이가 없으나 점차 방추형의 혹으로 변하기 때문에 전정할 때 쉽게 발견할 수 있다.

(4) 방제법

전정할 때 유충이 들어 있어 혹이 생긴 가지를 찾아서 처분한다. 또한 6~7월에 신초나 잎이 말라죽은 신초나 똥이 배출된 신초를 찾아 잘라 버린다. 유충이 줄기 속으로 들어가면 방제가 되지 않으므로 성충 발생기에 약제를 살포한다. 줄기속의 유충은 철사나 송곳 등으로 찔러 포살한다. 현재 고시된 약제는 없으나 포도에 등록된 포도들명나방 약제를 활용한다.

❸ 큰유리나방(*Glossosphecia romanovi* Leech)

(1) 형태

성충은 길이가 45~48㎜ 정도이며 말벌과 비슷하다. 다 자란 유충은 길이가 38~43㎜ 정도로 크고 머리는 어두운 갈색이다. 어린 유충은 유백색이나 자라면서 핑크색으로 변한다. 번데기는 20~21㎜이며 갈색이다.

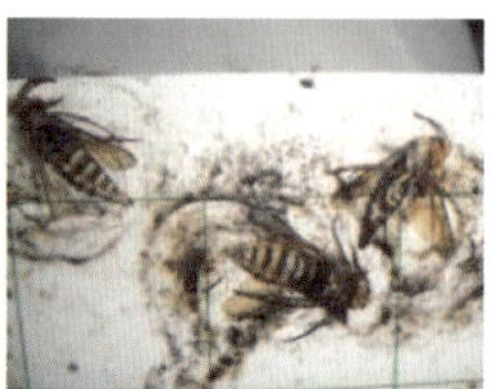

〈큰유리나방 피해〉　　　　〈큰유리나방 유충〉　　　　〈큰유리나방 성충〉

〈그림 7-30〉 큰유리나방 형태와 피해증상

(2) 피해증상

유충이 포도나무의 주간부와 주지 속으로 들어가 형성층을 갉아 먹어 수세를 크게 떨어뜨리고, 심하면 나무 전체가 말라 죽는다. 피해 양상이 박쥐나방과 비슷하여 오인하기 쉽다.

(3) 발생생태

1년에 1회 발생하며 다 자란 유충으로 땅 속에서 월동한다. 성충은 6월 상순부터 7월 하순까지 약 2개월 동안 발생하며, 발생 최성기는 6월 하순부터 7월 상순이다. 성충은 포도 줄기에 알을 낳고 부화한 유충이 줄기 속으로 들어가 지속적으로 가해한 후 가을에 다 자라게 되면 땅 속으로 이동하여 아몬드 모양의 고치를 짓고 월동에 들어간다.

(4) 방제

성충이 산란한 알이 부화하는 6월 하순~7월 상순에 약제가 줄기에 충분히 묻도록 살포한다. 피해를 받은 줄기에는 다량의 배설물이 배출되므로 이 부분을 칼, 가위 등으로 파헤쳐 유충을 포살한다. 현재 큰유리나방에 등록된 약제는 없으나 포도에 등록된 나방 방제용 약제를 이용하여 방제한다.

4 이슬애매미충(*Arboridia kakogawana* Matsumura)

(1) 형태

성충의 몸길이는 3㎜ 정도로 연한 노란색이며, 정수리 앞쪽의 양 옆에 2개의 검은색 점을 가지고 있다.

(2) 피해증상

약충과 성충이 포도나무의 잎과 과실에서 즙액을 빨아 먹는다. 잎 뒷면에서 가해하게 되면 잎이 엽록소를 잃어 하얗게 변하며 광합성 능력이 저하되어 과실의 착색과 성숙이 불량해진다. 대발생하면 과실에 그을음병을 유발시켜 상품가치를 크게 떨어뜨린다.

〈애매미충류 피해 잎〉

〈이슬애매미충 성충〉
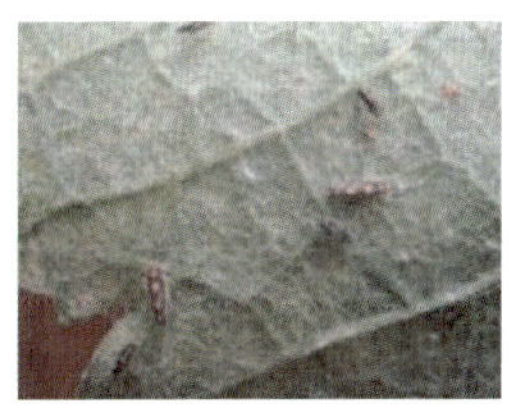
〈이마점애매미충 성충〉

〈그림 7-31〉 애매미충류 형태와 피해증상

(3) 발생생태

과거에는 포도에 주로 발생하는 애매미충이 두점박이애매미충(포도쌍점애매미충)인 것으로 알려져 있었다. 그러나 최근에 조사된 결과에 따르면, 우리나라에서 포도를 가해하는 애매미충은 3가지로 이슬애매미충(*Arboridia kakogawana*), 이마점애매미충(*A. maculifrons*), 검은볼애매미충(*A. nigrigena*)이 있으며, 이 중에서 이슬애매미충이 가장 많이 발생하는 것으로 밝혀졌다.

애매미충은 성충으로 낙엽 속, 잡초 밑, 거친 껍질의 틈 사이에서 월동한다. 1년에 3회 발생하는데 1회 성충은 6월 중순~7월 상순, 2회는 8월 중·하순, 3회는 9월 하순~10월 상순에 나타난다.

(4) 방제법

방제적기는 월동 성충이 활동하는 발아기(4월 중순)부터 다음 세대의 성충이 나타나는 6월 중하순 이전까지이므로 이 기간에 발생 여부를 잘 살펴 발생이 확인되면 초기에 약제를 살포한다.

5 볼록총채벌레(*Scirtothrips dorsalis* Hood)

(1) 형태

몸길이는 0.8~0.9㎜ 정도이고, 몸 색은 노란색이며 머리는 짧고 촉각은 8마디로 되어 있다. 복부에는 3~8절에 어두운 갈색의 띠가 있고, 날개는 가늘고 좁으며 둘레에 가는 털이 나 있어 말총 같이 보인다.

〈총채벌레 성충〉　　　　〈총채벌레 피해 송이〉　　　　〈총채벌레 피해 잎〉

〈그림 7-32〉 총채벌레 형태와 피해증상

(2) 피해증상

잎과 과실을 가해하며 특히 어린 과실에 피해가 크다. 어린잎에는 작은 반점이 생기며 심하면 오그라든다. 어린 과실에는 회백색 또는 갈색의 부스럼딱지 같은 반점을 형성하여 상품가치를 떨어뜨린다.

또한 과경을 가해하여 신선함을 떨어뜨린다. 잎이 심하게 피해를 받았을 경우에는 뒷면이 갈변하고 표피가 코르크화 된다.

(3) 발생생태

발생생태는 자세히 알려져 있지 않으나 1년에 5~6회 발생하며 성충으로 거친 껍질 밑이나 눈, 인편 속에서 월동한다. 다음해 4월경에 활동을 시작하여 5~6월, 8월 및 9월경에 많이 발생한다. 주로 약충이 가해하며 어린 잎을 가해하다가 과실에도 피해를 준다. 노지포도보다 시설 포도에 피해가 심하며, 1세대 기간은 약 15일이고 성충 수명은 7일 정도이다.

(4) 방제법

방제적기는 개화 전부터 낙화 후까지 약 1개월간이며 밀도가 높은 경우에는 7월 중순에 추가로 약제를 살포해야 한다.

6 포도뿌리혹벌레(*Viteus vitifolii* Fitch)

(1) 형태

형태는 뿌리형과 날개형에 따라 다르다. 뿌리형 성충은 난형이고 암황색이며, 때로는 약간의 녹색을 띠는 것도 있다. 몸길이는 0.9~ 1.1㎜이고, 넓이는 0.72~0.76㎜이다. 알은 담황색의 긴 타원형이 며 광택이 있다. 애벌레는 알에서 깨어난 당시는 타원형이지만 제2 령 약충 이후에는 난원형이 된다. 몸길이가 0.3㎜ 정도이며 다 자란 애벌레는 0.7㎜가량이다.

날개형(잎에 피해를 주는 형태) 성충은 난형이고 황색이나 황갈색 이며, 뿌리형과 다르게 가슴 및 배의 등면에 흑색의 융기가 있다. 몸 길이는 0.9~1㎜이고, 몸넓이는 0.66~0.72㎜이다. 알은 뿌리형과 거의 같으나 약간 작다.

〈포도뿌리혹벌레〉　　　〈피해 뿌리〉　　　〈피해 잎〉

〈그림 7-33〉 포도뿌리혹벌레 형태와 피해증상

(2) 피해증상

약충과 성충 모두 포도의 뿌리와 잎에서 즙액을 빨아 먹으므로 생육이 떨어지고 심하면 나무 전체가 말라 죽는다. 품종과 기후에 따라 날개형이 발생하는 수도 있다.

(3) 발생생태

발생생태는 매우 복잡하여 2가지 형태를 취한다. 제1형은 4월 하순경에 월동 알에서 부화한 약충이 새 잎으로 가서 날개를 만들며, 성숙한 다음에는 단위생식으로 다수의 알을 낳는다. 알에서 깨어난 약충의 일부는 뿌리로 이동하여 뿌리형이 되고, 단위생식에 의해 많은 알을 낳는다. 약충은 대부분 날개가 없는 암컷이 되어 교미 후 알을 나무껍질 틈에 낳는다.

제2형은 뿌리에서 월동한 약충이 이듬해 봄에 제1회 성충이 되며 단위생식에 의해 알을 낳고 6~9세대를 되풀이한 다음 약충으로 월동한다.

(4) 방제법

저항성 대목에 접목한 묘목을 심고, 발아기에 입제를 토양에 처리하며, 발생초기에 살충제를 잎에 살포한다.

6 애무늬고리장님노린재(*Apolygus spinolae* Meyer-Dür)

(1) 형태

성충의 몸길이가 5㎜ 정도인 작은 노린재로서 몸색은 선녹색이며 촉각은 담갈색이다. 앞가슴 등 쪽에 흑색의 짧은 선이 세 줄 있으며 앞날개는 선녹색이나 막질부는 담흑색이다. 약충도 성충과 비슷한 모양이나 날개만 덜 발달되어 있다.

(2) 피해증상

약충과 성충이 어린잎과 과실을 가해한다. 어린잎이 피해를 받게 되면 즙액을 빨아먹은 부위의 조직이 죽어 바늘로 찌른 것처럼 갈색으로 변하고, 나중에 잎이 자라면서 이 부위에 크게 구멍이 생기고 전체 잎은 너덜너덜해지거나 기형이 된다. 개화 전후 또는 착립기에 흡즙 피해를 받게 되면 꽃송이가 말라 죽거나 과피흑변, 코르크화, 소립과 증상이 나타난다. 또한 피해 과실은 수확기가 되면 열과 되거나 착색이 불량해진다.

〈장님노린재 성충〉

〈피해 과실〉

〈피해 잎〉

〈그림 7-34〉 애무늬고리장님노린재 형태와 피해증상

(3) 발생생태

휴면중인 포도 눈의 인편 틈에서 알로 월동하고 이듬해 봄에 신초가 3㎝ 정도 자랄 무렵인 3~4엽기에 알에서 부화한다. 부화한 약충은 신초 끝부분에 있는 잎을 가해하다가 꽃송이가 출현하면 과방을 가해하기 시작한다.

1세대 성충은 5월 하순~6월 상순, 2세대는 6월 하순~7월 중순, 3세대는 8월 중순에 나타난다. 8월 중순 이후에 1~2세대가 더 발생하는 것으로 추정된다.

초기의 과실비대가 끝나면 더 이상 과실을 가해하지 않으며 도장지의 어린잎을 가해한다. 또한 포도원 주변에 있는 감자, 가지, 잡초 등 다른 식물을 가해한다. 포도원 내부나 주변에서 서식하던 성충은 10월 중순경에 포도나무 가지에 월동 알을 낳는다.

(4) 방제법

방제적기는 발아기부터 꽃송이 형성기까지이며, 평소 피해가 심한 포도원의 경우 이 기간에 2회 정도의 약제 살포가 필요하다.

7 꽃매미(*Lycorma delicatula* White)

(1) 형태

성충은 몸길이가 14~15㎜ 정도이며, 날개 편 길이가 40~50㎜이다. 앞날개는 연한 회색빛을 띤 갈색이며, 기부의 2/3 되는 곳까지 검고 둥근 점무늬가 20여개 있으며, 뒷날개는 빨간색이다. 약충은

<꽃매미 약충>　　　　　<꽃매미 성충>　　　　　<꽃매미 월동알>

〈그림 7-35〉 꽃매미 형태

등에 빨간 줄무늬가 세로로 나 있으며, 흑색 점이 14개 있다.

(2) 피해증상

약충과 성충이 줄기에서 즙액을 빨아먹어 수세를 크게 떨어뜨리고, 배설물에 의해 과실에 그을음병이 생겨 상품가치가 저하된다.

(3) 발생생태

1년에 1회 발생하며 알 덩어리로 포도나무 줄기나 지주 등에서 월동한다. 월동 알은 4월 하순경부터 부화하기 시작하여 6월 상순이면 대부분의 알이 부화한다.

약충은 포도 잎과 줄기에서 즙액을 빨아먹으면서 성장하는데, 4회에 걸쳐 탈피를 한 후 7월 하순부터 성충이 된다. 성충은 나무의 줄기에서 즙액을 빨아먹고 살아 가다가 9월 하순경부터 교미한 후 월동 알을 낳는다.

(4) 방제법

월동 알이 부화하는 5월 중·하순에 약제를 살포하여 초기 밀도
를 낮춰야 한다. 야산에서 번식한 성충이 월동 알을 낳기 위해 포도
원으로 들어오는 9월부터 발생여부를 수시로 파악한 후 발생이 확
인되면 약제를 살포한다.

8 포도들명나방(*Herpetogramma luctuosalis* Bremer)

(1) 형태

성충은 짙은 황색으로 크기는 26㎜ 정도이다. 앞날개에는 그물
모양의 무늬가 규칙적으로 나 있다. 유충은 담녹색으로 행동이 매
우 민첩하고 다 자란 유충은 20㎜ 정도이다.

(2) 피해증상

유충이 잎을 단단히 말아서 철하고 그 속에서 서식하면서 잎을
갉아 먹는다. 섭식하면서 배설하기 때문에 말린 잎 속에는 검은 배
설물이 남는다.

〈포도들명나방 피해잎〉　　〈포도들명나방 유충〉　　〈포도들명나방 성충〉

〈그림 7-36〉 포도들명나방 형태와 피해증상

(3) 발생생태

1년에 2~3회 발생하고 노숙유충으로 피해낙엽에서 월동한다. 성충은 6월부터 9월까지 발생하는데, 1차 발생최성기는 6월 중순경이며, 2차 발생최성기는 9월 중순경이다. 시설포도원이나 산간지에 조성된 과수원에서 많이 발생한다.

(4) 방제법

방제적기는 1세대 성충이 낳은 알이 부화하는 6월 중·하순경이다. 피해가 심한 과원에는 수확 후에 약제를 살포하여 월동 유충의 밀도를 떨어뜨린다.

9 가루깍지벌레(*Pseudococcus comstocki* Kuwana)

(1) 형태

포도를 비롯하여 배, 사과, 감, 귤, 복숭아, 자두, 살구, 매실, 무화과, 호두, 뽕나무 등을 가해한다. 다른 깍지벌레와는 달리 깍지가 없고 약충과 성충이 자유롭게 이동하는 특징이 있다. 암컷 성충은 몸길이가 3~5㎜이며 몸 색깔은 황갈색이지만 흰색 가루로 덮여 있으며 날개가 없다. 수컷 성충은 1쌍의 투명한 날개를 가지고 있으며 날개를 편 길이가 2~3㎜이다.

<가루깍지벌레 성충>　　　　　<피해 과실>　　　　　<알덩어리>

〈그림 7-37〉 가루깍지벌레 형태와 피해증상

(2) 피해증상

약충과 성충이 잎, 가지, 과실을 가해하며 과실 속으로 들어가 흡즙하면 그들의 배설물로 인해 그을음병이 유발되어 상품가치가 떨어진다.

(3) 발생생태

알 덩어리로 거친 껍질 밑에서 월동하며 연 3회 발생한다. 노지에서 월동 알은 4월 하순~5월 상순경에 부화하며 부화한 어린 약충은 줄기 밑이나 잎에서 서식하다가 나중에 과실로 이동한다. 1세대 성충은 6월 하순, 2세대는 8월 상·중순, 3세대는 9월 하순경에 발생하고 3세대 성충이 월동 알을 낳는다.

(4) 방제법

방제적기는 노지기준으로 월동 알이 부화하는 5월 상순과 2세대 약충 발생기인 7월 상순 그리고 3세대 약충 발생기인 8월 하순경이다. 이 해충은 일단 발생하여 정착한 이후에는 방제가 대단히 어렵기 때문에 피해가 확인된 포도원에서는 월동기에 거친 껍질을 제거하여 불에 태우고 방제 적기에 전문 약제를 줄기에 충분히 묻도록 살포해야 한다.

10 응애류(Spider mites)

(1) 피해증상

포도에 발생하는 응애류는 점박이응애, 차응애, 차먼지응애, 녹응애 등이 있다. 포도 잎에 점박이응애와 차응애가 대발생하게 되면 엽록소가 파괴됨에 따라 광합성 능력이 떨어져 과실 비대와 착색이 불량해진다. 한편, 차먼지응애의 피해 증상은 신초 생육 불량, 잎 뒷면 코르크화, 잎 말림, 잎 기형 등이며, 녹응애는 신초와 꽃송이의 생육을 지연시킨다.

〈그림 7-38〉 응애류 형태와 피해증상

(2) 발생생태

노지포도에는 발생이 적어 그다지 문제가 되지 않으나 시설포도
의 경우에는 일부 상당한 문제를 일으킨다. 특히 온풍기 주변의 고
온 건조한 지역에 심겨진 나무에 발생이 많으며, 방제시기를 놓치게
되면 점차 다른 지역으로 피해가 확산된다.

(3) 방제법

응애를 가장 효과적으로 방제하는 방법은 발생초기에 약제를 살
포하는 것인데, 가장 먼저 피해가 나타나는 온풍기 주변의 나무나
잡초 등을 잘 관찰하여 발생이 확인되면 즉시 약제를 살포해야 한
다. 한편, 응애는 번식속도가 빠르고 연간 발생횟수가 많아 약제에
대한 저항성이 쉽게 유발되기 때문에 같은 약제를 1년에 1회 이상
살포하지 않도록 해야 한다.

11 기타 해충

지금까지 포도 해충으로 간주되지 않았던 새로운 것들이 일부 지
역의 포도원에서 발생이 증가하고 있다. 멸강나방 성충은 포도 생육
후기에 태풍을 타고 중국에서 날아와 따뜻한 곳을 찾다가 시설 포
도원으로 들어가 피해를 주고 있다. 그러나 멸강나방은 우리나라에
서 월동하지 못하는 해충이기 때문에 포도에 지속적인 피해를 주지
는 않을 것으로 추정된다.

미국선녀벌레는 감나무와 인삼 등에 큰 피해를 주고 있는 해충인

〈그림 7-39〉 기타 해충 종류 및 피해증상

데, 최근에는 포도나무에서도 발생이 확인되고 있다. 그러나 아직까지 포도에서 미국선녀벌레에 의한 큰 피해는 발견되지 않고 있다.

한편 일부 포도원에서 밀가루줄명나방의 성충이 발견된다는 제보가 있었으나, 이 해충이 실제로 포도에 피해를 주는지는 아직 확인되지 않고 있다.

아울러 박쥐나방, 주머니나방류, 담배거세미나방의 유충들이 포도를 가해하는 사례가 점차 증가하고 있다. 특히 주머니나방류는 포도뿐만 아니라 대추, 단풍나무 등에 집단적으로 발생하여 잎을 대량으로 갉아먹어 큰 피해를 주고 있다.

Part
02
포도나무
이해하기
재배에서 경영까지

VIII.
재배현황

1 생산 동향

포도는 세계적으로 넓은 지역에서 대규모로 재배되고 있는 과수 중 하나로 2013년 기준 7,155천ha에서 77,181천톤이 생산되고 있다. 최근 급성장하고 있는 중국의 생산량이 11,550천톤으로 가장 많고, 이탈리아, 미국, 스페인, 프랑스, 터키, 칠레, 아르헨티나, 이란 순으로 생산량이 많다.

주목할 점은 중국과 칠레의 포도 산업 성장인데, 중국은 20여 년 동안 생산량이 12배 이상 증가되었고, 칠레 2.8배, 미국은 1.5배 증가되었다. 오랫동안 유럽의 이탈리아, 프랑스, 스페인 등이 포도 산업 강국이었지만, 최근 신흥 강국인 중국, 미국, 칠레의 생산량이 증가하면서 세계 포도 산업의 흐름이 변화되고 있다.

표 8-1 세계의 포도 재배면적

(단위 : 천ha)

구 분	1990년	1995년	2000년	2005년	2010년	2013년
전 체	7,973	7,367	7,341	7,345	7,102	7,155
스페인	1,402	1,160	1,168	1,161	1,002	944
프랑스	908	895	861	855	804	761
이탈리아	1,024	899	873	755	778	702
중 국	127	158	286	411	533	730
터 키	580	565	535	516	478	469
미 국	299	317	383	378	385	395
이 란	224	233	264	315	221	208
아르헨티나	206	206	188	212	224	234
칠레	120	114	165	179	200	220
한국	15	26	29	22	18	17

자료 : FAO 생산통계

표 8-2 세계의 포도 생산량

(단위 : 천톤)

구 분	1990년	1995년	2000년	2005년	2010년	2013년
전 체	59,747	55,972	64,790	67,195	67,017	77,181
중 국	961	1,896	3,373	5,866	8,652	11,550
이탈리아	8,438	8,448	8,869	8,553	7,788	8,010
미 국	5,135	5,373	6,974	7,088	6,778	7,745
스페인	6,474	3,350	6,540	6,054	6,107	7,480
프랑스	8,205	7,213	7,762	6,790	5,846	5,518
터 키	3,500	3,550	3,600	3,850	4,255	4,011
칠 레	1,170	1,526	1,900	2,250	2,904	3,298
아르헨티나	2,342	2,855	2,460	2,830	2,617	2,881
이 란	1,424	1,846	2,505	2,964	2,256	2,046
한국	131	316	476	381	306	260

자료 : FAO 생산통계

 세계의 포도주 생산동향

(단위 : 천톤)

구 분	1990년	1995년	2000년	2005년	2010년	2013년
전 체	28,513	25,359	28,395	28,145	28,060	27,422
프랑스	6,552	5,560	5,754	5,344	5,846	4,293
이탈리아	5,487	5,620	5,409	5,057	4,580	4,107
스페인	3,969	2,104	4,179	3,243	3,610	3,200
미 국	1,845	1,867	2,487	2,888	2,213	3,200
중 국	254	700	1,050	1,350	1,658	1,700
아르헨티나	1,404	1,644	1,254	1,522	1,625	1,498
호 주	445	503	806	1,434	1,134	1,231
남아프리카공화국	771	753	695	845	922	1,097
칠 레	398	317	667	789	915	1,832

자료 : FAO 생산통계

2013년 세계의 포도주 생산량은 27,422천톤으로 20여 년 전보다 약간 감소한 경향을 보여 주고 있는데, 프랑스, 이탈리아, 스페인, 미국, 중국 순으로 생산량이 많다. 유럽의 전통적인 포도주 생산국인 프랑스, 이탈리아, 스페인 등은 생산량이 지속적으로 감소하고 있는 반면, 신흥 강국인 미국, 중국, 호주, 남아프리카공화국, 칠레 등의 생산량은 지속적으로 증가하고 있다. 같은 기간 포도주 생산량이 중국은 6.7배, 호주 2.8배, 칠레는 4.6배 증가되었다.

2 무역동향

지난 20여 년간 세계 과실과 가공품의 총생산량은 크게 변하지 않았으나, 무역량(수입량)은 큰 폭으로 증가하였는데, 물량 측면에서는 약 2.5배, 가격 측면에서는 4배 이상 증가되었다. 이는 칠레, 호주, 남아공 등 남반구 신흥 포도 생산국에서 생산한 포도를 소비지인 북반구에서 겨울철에 수입하는 물량이 늘었기 때문이다.

표 8-4 세계의 신선 포도 및 가공품 무역(수입) 동향

(2012)

구 분		1990년 (A)	1995년	2000년	2005년	2010년	2012년 (B)	증가율 (B/A)
신선 포도	물량(천톤)	1,625	1,846	2,612	3,221	3,710	3,976	2.5
	금액 (백만$)	1,896	2,248	2,851	4,773	7,114	7,836	4.1
포도주	물량(천톤)	4,139	4,989	5,480	7,741	9,122	10,133	2.5
	금액 (백만$)	8,476	9,851	12,771	20,923	28,167	33,445	4.0
포도주스	물량(천톤)	498	615	619	804	849	958	1.9
	금액 (백만$)	263	381	382	549	791	1,087	4.1

자료 : FAO 무역통계

세계의 신선 포도 수출량은 2012년 4,051천톤이고, 주요 수출국은 칠레, 이탈리아, 미국, 남아공, 네덜란드 등이다. 특히 최근에는 칠레, 남아공, 네덜란드 등지에서의 수출량이 크게 증가하였다. 네덜란드는 자체 생산되는 포도를 수출하는 것이 아니라 중계무역

량이 많기 때문이다. 2012년 신선 포도 주요 수입시장은 주로 북미
와 유럽지역으로 북미는 미국과 캐나다, 유럽은 러시아, 네덜란드,
독일 및 영국 등이고, 아시아 지역에서는 포도가 생산되지 않거나,
생산량이 적은 홍콩, 인도네시아, 태국 및 싱가포르 등이 주로 수입
하고 있으며, 우리나라는 단경기인 겨울과 봄철에 세계 전체 무역량
의 각각 0.4% 정도를 수입하고 있다.

표 8-5 세계 주요 국가의 포도 신선 과실 수출입 현황

(2012년)

구 분	수출 동향		구 분	수입 동향	
	물량 (천톤)	금액 (백만$)		물량 (천톤)	금액 (백만$)
전 체	4,051	7,214	세계 전체	3,710	7,114
칠 레	781	1,345	미 국	540	1,464
이탈리아	479	744	러시아	409	576
미 국	408	831	네덜란드	355	761
남아프리카공화국	259	420	독 일	277	558
네덜란드	254	631	영 국	246	584
한 국	0.4	1.9	한 국	35	84

자료 : FAO 무역통계

　세계의 포도주 수출량은 2012년 10,343천 톤이고, 주요 수출국
은 이탈리아, 스페인, 프랑스, 호주, 칠레이며, 특히 최근에는 칠레,
호주, 남아공, 미국 등에서 수출량이 급격히 증가하였다. 2012년
포도주의 주요 수입시장은 유럽과 북미 등 주요 선진국으로 유럽은
독일, 영국, 러시아 및 프랑스 등의 국가에서 많이 수입하고, 아시아

지역에서는 일본과 포도가 생산되지 않는 싱가포르 등에서 많이 수입하고 있다.

 세계 주요 국가의 포도주 수출입 현황

(2012년)

구 분	수출 동향		구 분	수입 동향	
	물량 (천톤)	금액 (백만$)		물량 (천톤)	금액 (백만$)
전 체	10,343	32,810	세계 전체	10,132	33,445
이탈리아	2,105	5,991	독 일	1,527	3,114
스페인	2,095	3,121	영 국	1,304	5,011
프랑스	1,565	10,053	미 국	1,168	5,059
호 주	735	1,957	러시아	662	1,060
칠 레	747	1,783	프랑스	599	804
한 국	0.006	0.052	한 국	28	147

자료 : FAO 무역통계

2. 우리나라의 포도 재배현황 

1 재배면적 및 생산량

우리나라의 포도 재배면적은 꾸준히 증가되어 1986년 17,037ha에 이르렀다가 1990년 포도주 수입 개방에 따른 양조용 포도 품종의 폐원 정책으로 서서히 감소하여 1991년에는 14,802ha까지 축소되었다. 그 후 포도의 높은 출하가격으로 1998년에는 29,871ha로 정점에 이른 후 다시 점차 감소되어 2014년 16,348ha의 면적에서 268천톤이 생산되고 있으며, 생산액은 4,629억원이다.

표 8-7 우리나라의 포도 재배면적, 생산량 및 생산액 동향

구 분	1980년	1985년	1990년	1995년	2000년	2005년	2010년	2014년
재배면적 (ha)	7,654	16,206	14,962	26,030	29,200	22,057	17,572	16,348
생 산 량 (톤)	56,764	149,912	131,324	316,443	475,594	381,436	305,543	268,556
수 량 (kg/10a)	742	925	878	1,216	1,216	1,729	1,850	1,643
생 산 액 (백만원)	30,744	96,023	105,690	608,499	513,546	496,200	546,300	462,900

자료 : 통계청, 농업총조사.

　　지역별 재배면적은 경북, 충북, 경기, 전북 및 충남 순이며, 주요 재배지역은 경북의 영천, 김천, 상주, 경산과 충북의 영동, 옥천, 경기의 화성, 안성, 안산, 전북의 김제, 남원 및 충남의 천안 등이다.

표 8-8 우리나라 도별 재배현황

(2014년)

구 분	계	경기	강원	충북	충남	전북	전남	경북	경남	기타
재배면적 (ha)	16,348	2,292	235	2,596	1,000	1,021	292	8,069	442	401
비 율 (%)	100	14.0	1.4	15.9	6.1	6.2	1.8	49.4	2.7	2.5

자료 : 통계청, 농업총조사.

최근 노지포도 재배면적은 점차 감소하고 있으나, 시설포도 재배면적은 증가하고 있다. 한때 한·칠레 FTA 후속 조치로 가온재배 시설을 폐원하여 시설재배 면적이 감소하였으나, 무가온 또는 후기 가온 시 노지포도에 비하여 병해충 피해를 예방할 수 있어 친환경이나 저농약 재배가 가능하고, 성숙기 낮은 야간온도로 착색이 잘되며, 단경기 판매로 판매가격이 높아 시설포도 재배면적이 다시 증가하고 있다.

표 8-9 포도 시설재배 현황

(단위 : ha)

구 분	2001년	2003년	2005년	2007년	2009년	2010년	2011년	2012년	2014년
노지 재배	25,578	23,160	20,106	17,003	15,757	15,330	14,978	15,590	12,690
시설 재배	1,225	1,641	1,951	1,840	2,239	2,242	2,467	2,591	2,810

자료 : 통계청, 농업총조사.

2 신선포도 및 포도주 수출입 동향

우리나라의 신선 포도 수출은 물량과 금액 면에서 지속적인 증가세를 보여 2009년 606톤으로 처음으로 200만$를 돌파하였으나, 국내 재배면적 감소와 이상 기후 등에 의해 국내 생산량이 줄면서 감소 추세에 있다. 신선 포도 수입은 국내 경기에 따라 약간의 등락은 있지만 물량이나 금액 측면에서 꾸준히 증가하는 추세이다.

우리나라의 2014년 신선 포도 수출량은 582톤, 수출액은 2,253천

$이며, 신선포도의 수입량은 59.3천톤, 수입액은 190백만$이고, 주스 등 기타 포도의 수입량은 20.4천톤, 수입액은 52.5백만$이다. 2014년 신선 포도의 수입은 수출보다 물량 측면에서 약 100배, 금액 측면에서 약 84배에 달하고 있다.

표 8-10 우리나라의 포도 수출입 동향

| 연도 | 수 출 | | | | | | 수 입 | | | | | |
| | 물 량(톤) | | | 금 액(천$) | | | 물 량(톤) | | | 금 액(천$) | | |
	계	신선	기타	계	신선	기타	계	신선	기타	계	신선	기타
2000	77	31	46	184	98	86	20,285	7,921	12,364	31,104	12,662	18,442
2002	201	79	122	618	233	385	23,047	6,563	16,484	30,267	10,443	19,824
2004	293	74	219	604	211	393	28,242	9,970	18,272	41,503	16,921	24,582
2006	593	243	350	1,539	954	585	35,648	17,291	18,357	59,438	32,600	26,838
2008	644	430	214	1,986	1,588	398	53,406	32,483	20,923	110,197	71,407	38,790
2009	748	606	142	2,320	2,033	287	47,661	28,437	19,224	94,935	57,112	37,823
2011	613	323	290	1,581	1,330	251	66,274	45,189	21,085	164,610	114,761	49,849
2014	671	582	89	2,475	2,253	222	79,677	59,260	20,417	242,053	189,523	52,530

자료 : 농수산물유통공사(기타: 건조, 주스, 기타방법 조제)

또한, 최근 포도주의 수출은 2006년 이후 증가하여 2010년 115톤, 775천$를 수출하였으나, 2011년과 2012년은 급감하였다. 이는 국내 포도주 가공업체들이 수출보다 국내 판매에 중점을 두었기 때문으로 해석되지만, 국내 포도주의 국제 경쟁력이 높지 않은 것도 주요한 요인으로 판단된다. 포도주 수입은 지속적으로 증가하여

2008년에 정점에 이른 후 약간 감소하다가 2011년을 기점으로 급격히 증가하였고, 2014년 현재 포도주는 33.1천톤(182백만$)을 수입하고 있다.

표 8-11 우리나라의 포도주 수출입 동향

연도	수출 동향		수입 동향	
	물 량(톤)	금 액(천$)	물 량(톤)	금 액(천$)
2000	44	90	8,053	19,802
2002	18	51	11,510	29,417
2004	8	38	15,898	57,979
2006	106	282	22,195	88,607
2008	93	329	28,795	166,512
2009	106	153	23,009	112,450
2011	9	2	26,004	132,079
2014	8	467	33,100	182,178

자료 : 농수산물유통공사

IX.
품종

1. 품종 분류

포도나무는 포도木(Vitales), 포도科(Vitaceae), 포도屬(*Vitis*)에 속하며 북위 25°~50°사이의 동아시아, 유럽, 중동 및 북아메리카 등에 분포하고 있다. 포도科에는 6개의 속이 있으며 포도속에는 60여 개 종이 있다. 재배종 포도는 포도속에 속하며 포도속에는 경제적으로 가치가 있는 머스카다인 포도, 미국종 포도, 유럽종 포도 등 3개의 종과 미국종과 유럽종을 교배하여 얻은 1개의 교잡종 그룹이 있다.

포도 품종은 14,000여 품종이 보고되고 있으나, 동종 이명을 제외하고 8,000여 품종이 실제로 존재하거나 했을 것으로 추정하고 있다. 그중 90% 이상이 유럽종이고, 그중의 90%가 양조 또는 건포도 등 가공용으로 소비되고, 생식용 품종은 얼마 되지 않지만, 점진적으로 생식용 품종의 비율이 높아지고 있다.

1 머스카다인(*Vitis rotundifolia* **Michx**)

머스카다인은 미국 남동부 지역에 잘 적응한 종으로 유럽종 포도에 비하여 매우 활력이 좋고 병에 강하다. 내한성이 약하여 미국의 중서부, 북동부, 중부 대서양 연안에서는 재배하기가 어렵다. 머스카다인에 속하는 품종은 암술만 있는 것과 완전화인 2개의 그룹으로 구분되고, 'Cowart', 'Hunt', 'Noble', 'Jumbo', 'Nesbitt' 및 'Southland' 품종 등이 있다.

2 미국종(*Vitis labrusca* **L.** 또는. *Vitis labruscana* **Bailey**)

미주 대륙에서 자생하는 포도종 중 가장 품질이 좋은 종으로 내한성과 내병성은 강하지만, 유럽종에 비하여 과립이 작고, 당도가 낮은 등 품질은 좋지 않다. 미국종은 잎이 크고 두꺼우며, 농록색이고, 마디사이가 짧으며, 덩굴손은 연속성이다. 포도알은 원형 또는 약간 편원형이고, 미국종 특유의 냄새(fox-flavor)가 나며, 과피가 두껍고 과육과 잘 분리된다. 포도 송이는 크지 않지만 착립성이 좋은 편이다.

가공 적성이 좋아 주스에 많이 이용되며 젤리, 잼 및 통조림 등에도 많이 이용되고 있다. 가장 잘 알려져 있는 품종은 '콩코드(Concord)' 품종이며 이 밖에도 '나이아가라(Niagara)', '이사벨라(Isabella)', '카타우바(Catawba)', '알바(Alba)' 등이 있다.

특 성	유럽종	교잡종	미국종
품 종	이탈리아 등	캠벨얼리, 거봉 등	콩코드, 워든 등
결과습성	간절성	간절성	연속성
당 도	고	중	저
포도알 크기	대	중	소
송이 크기	대	중	소
내한성	약	중	강
향기	마스캇(Muscat)	주로 여우향(Fox)	여우향(Fox)
내병성			
– 노균병	약	중	강
– 새눈무늬병	약	중	강
– 흰가루병	약	중	강
– 갈반병	강	중	약

3　유럽종(*Vitis vinifera* L.)

원산지는 카스피해 연안 또는 카프카즈 지방이며, BC 40~30년에 지중해를 거쳐 그리스, 로마 및 이집트 등으로 전파되었으며, 현재 전 세계 포도 생산량의 90% 이상을 차지하고 있다. 대부분이 양조용으로 소비되고 있으며 일부 생식용, 건포도용 등으로도 이용되고 있다. 세계적으로 적어도 5,000개 이상의 품종이 본 종에 속하는 것으로 알려져 있으나, 주로 재배되는 품종은 100개 정도이다. 지중해성 기후에서 잘 자라고, 내병성과 내한성이 약하므로 우리나라에서는 노지에서 경제적인 재배가 곤란하다. 특히 노균병,

새눈무늬병과 포도줄기혹병 및 포도뿌리혹벌레 등 토양 병해충에 약하다.

잎은 얇고, 어린 잎의 앞면에 광택이 나고, 마디 사이가 길며, 덩굴손은 간절성이다. 포도알은 원형~장원형 또는 난형이며, 과피가 얇고 과육에 밀착되어 있어 잘 분리되지 않는다. 품질은 양호하며 포도 송이가 큰 것이 많지만 우리나라 환경에서는 결실성이 떨어진다.

유럽, 중앙아시아, 미국 남서부지역, 남미 및 아프리카 등 전 세계 대부분 지역에서 재배되고 있다. 주요 재배품종은 '톰슨씨들레스(Thompson Seedless)', '카베르네쇼비뇽(Cabernet Sauvignon)', '메를로(Merlot)', '피노누아(Pinot Noir)', '아이렌(Airen)', '말벡(Malbec)', '샤르도네이(Chardonnay)', '쇼비뇽블랑(Sauvignon Blanc)', '리슬링(Riesling)' 등이 있다.

4 교잡종(*Vitis spp.* 또는 French-American Hybrids)

유럽에 1860년대 창궐한 필록세라가 유럽종이 재식된 포도원을 황폐화시켰다. 이후 필록세라에 저항성을 갖는 포도 대목이 요구되었다. 필록세라에 저항성이 강한 미국 북부 중앙지역이 원산지인 미국종 포도와 유럽종 포도를 교배하여 필록세라에 저항성이 강한 품종이 육성되었는데 포도주 품질도 우수하였다.

유럽종의 품질은 우수하지만, 겨울철 동해나 병에 약한 단점, 미국종의 내한성 및 내병성 등 불량 환경 적응성은 뛰어나지만, 과립이 작고 품질이 나쁜 점 등을 해결하기 위하여 미국종과 유럽종을 교배하여 품질도 우수하고 불량 환경 적응성도 뛰어난 새로운 종을 육성하기 위한 시도가 꾸준히 이루어져 왔다. 이렇게 미국종과 다른 종을 교배하여 개량한 품종을 일괄하여 교잡종이라고 분류하며 미국종에 포함시키기도 한다. 이에 속하는 품종으로는 '비달블랑(Vidal Blanc)', '세이발(Seyval)' 등이 있다.

우리나라와 같이 겨울철이 춥고, 생육기에 비가 많아 유럽종을 노지재배하기 어려운 곳에서는 교잡종 품종을 재배하는 것이 유리하다. 실제로 우리나라에서는 '캠벨얼리(Campbell Early)', '거봉(Kyoho)', '델라웨어(Delaware)' 등 교잡종이 많이 재배되고 있다. 우리나라에서는 주로 생식용으로 재배하지만, 미국의 뉴욕주, 워싱턴주 등 유럽종 포도의 겨울철 노지 월동이 어려운 북부지역에서는 주스용으로 많이 재배되고 있다.

2. 우리나라 재배품종 변화 

캠벨얼리 품종의 재배 비중이 70% 정도를 차지하고 있지만, 최근에는 그 비중이 낮아지고, 씨가 없고 과육이 아삭한 포도의 선호도가 높아지고 있다. 또한 시설포도 재배면적은 2000년 4%에서 2014년 17%로 증가하여 품질이 우수한 대립계 및 유럽종 포도의 재배면적이 증가하고 있다.

품　종	품종별 점유율(%)							
	1982	1987	1992	1997	2002	2007	2012	2014
캠벨얼리	80.6	78.4	69.3	66.4	73.5	73.0	69.6	68.7
거봉	1.7	6.4	10.4	14.5	12.8	12.1	15.7	16.3
머스캇베일리에이	3.1	1.9	0.1	2.1	4.9	8.9	7.2	7.2
델라웨어	0.8	0.6	0.6	0.3	0.4	0.5	0.8	0.8
세리단	0.1	0.1	0.1	11.8	5.7	2.4	–	–
기타	13.7	12.6	19.5	4.9	2.7	3.1	6.7	7.0
재배면적(ha)	9,186	11,423	79,677	23,240	22,110	17,660	17,181	16,348

연도별 과수 실태 조사(1982~2007), KREI 농업관측센터 추정치(2012, 2014)

3. 포도 품종 선택 요령 

1 재배지의 환경과 품종 선택

포도는 다른 과수와 같이 품종 고유의 특성(생태, 생육, 과실)이 있으며 이러한 특성이 제대로 잘 발현되기 위해서는 재배지의 환경이 매우 중요하다. 따라서 신규 개원 또는 품종 갱신 시 재배지의 환경을 면밀히 검토하고 그 지역에 가장 알맞은 품종을 선택해야 한다. 만약 선택한 품종이 부적지에 심겨진다면 투입 노력과 비용에 비해 좋은 과실 생산을 기대하기 어려울 것이다.

따라서 최종 생산비에 재배 환경 개선 노력, 투하 노동력 등이 가

장 적게 반영되는 품종이 효율적인 측면에서 고려될 수 있다. 그러
나 전적으로 효율적인 측면만으로 품종을 선택하기에는 어려운 점
이 있는데 불량 환경에 적응성이 높은 품종일수록 품종 고유의 과실
품질이 그다지 높지 않기 때문이다.

2 소비자의 기호에 맞는 품종 선택

포도는 다른 과수 작목에 비해 맛, 껍질 색깔, 향기 및 무핵 등의
다양한 특성을 많이 갖고 있어 소비자나 재배농가의 품종 선택 폭이
넓다는 장점이 있다. 물론 지금까지 오랜 세월 섭취해 오던 캠벨얼리
나 거봉 등에 입맛이 길들여져 소비자의 기호성이 크게 바뀌지 않을
것으로 판단할 수 있다.

하지만 농산물 수입 개방과 국민소득 증대로 외국산 포도 품종을
경험할 기회가 많아져 소비자의 기호 또한 다양해지고 있다. 따라서
과거 개발도상국 시절, 생산농가가 소비자에게 일방적으로 포도를
공급하는 시장은 사라질 것으로 보인다. 생산농가는 다양한 소비자
의 기호에 부응할 수 있는 착색, 향, 무핵 포도, 모양 등을 품종 선택
시 고려해야 한다.

3 생육 및 수확 후 특성과 품종 선택

포도 품종을 선택할 때 재배 및 유통의 안정성을 확보하기 위해서
는 선택하고자 하는 품종의 결실성, 내병성, 열과, 저장성 및 운반상
문제 등 생육 특성을 면밀히 검토하여야 한다. 특히 수확한 후 관

리나 재배 안정성에 불리하게 영향을 끼칠 요소가 있는 품종은 선택
대상에서 제외하는 것이 좋다.

4 재배양식에 적합한 품종 선택

포도 재배목적에 부합하는 수확시기, 수형, 시설재배 및 생장조절
제 처리 등에 맞는 품종을 선택한다. 만생종 포도는 중부지방의 노
지재배에 부적합하고, 남부지방에 적합하며, 시설재배에서는 조생
종 품종이 유리하다. 또한 생장조절제를 이용할 때 처리효과가 잘
나타나는 품종을 선택해야 한다. 포도 품종에 따라 효율적이고 적
합한 수형이 다를 수 있는데, 울타리식 수형은 단초전정으로도 착립
이 잘 되는 품종을 선택하고, 덕식 수형은 장초전정이 필요한 품종
을 선택하는 것이 좋다.

5 재배자의 기술 수준에 맞는 품종 선택

포도는 많은 품종 수만큼 배수성별(2배체와 4배체), 원산지별(유
럽종, 미국종, 교잡종), 시설재배, 특수재배 등 다양한 재배법이 있
다. 목적에 따라 품종에 맞는 재배기술을 갖고 있거나 갖출 의사가
있는 재배자가 아니면 포도 재배에 성공하기가 어렵다.

6 이용 목적에 맞는 품종 선택

우리나라 포도는 대부분 생식용으로 소비되지만 최근 포도주나
가공용으로 소비되는 포도가 증가 추세를 보이고 있으므로 기존 품

종의 소비 대체 차원에서 포도주나 가공용 전용 품종 생산도 고려해야 한다.

7 판매방식에 맞는 품종 선택

포도는 수확한 후 도매시장 상장, 전문 판매점 납품, 인터넷이나 전화를 통한 택배 및 직판 등의 방식으로 판매된다. 상장이나 판매점에 납품을 하려면 저장성과 외관이 우수해야 하고, 관광농원 등에서 직판할 경우에는 저장성이나 외관보다는 품질을 우선적으로 고려해야 하며, 택배 시는 운송성이 우수한 품종이 유리하다.

4. 주요 포도 품종 특성 

1 국내 육성 품종

(1) 청수(清水, Cheongsoo)

포도 청수 품종은 국립원예특작과학원이 시벨 9110 품종에 힘로드 품종을 교배하여 얻은 실생 중에서 1993년 최종 선발한 품종이다. 숙기는 9월 상순(이하 수원 지역 기준)이며 과방중은 350g, 과립중은 3.4g 정도이다. 당도는 17.5°Bx 정도이고 산 함량이 0.7% 정도로 비교적 높으나 식미는 매우 우수하다. 백포도주 양조 품질이 매우 좋으므로 생식용뿐만 아니라 양조용으로도 좋다. 착립이

잘 되어 결실은 잘 되지만, 성숙기에 과정부 열과가 약간 발생하기
도 한다. 청포도는 매우 시다는 인식 때문에 상품성을 강조하기 위
해서는 적숙기에 수확하여야 한다.

(2) 홍단(紅丹, Hongdan)

홍단 품종은 국립원예특작과학원이 캠벨얼리 품종에 힘로드 품
종을 교배하여 얻은 실생 중에서 1994년에 선발한 품종이다. 숙기
는 8월 하순으로 캠벨얼리와 비슷하고 과방은 300g 정도이며 과립
은 5.5g 내외로 캠벨얼리 정도의 크기이다. 과피색은 적색이고, 당
도 18.0°Bx 정도로 캠벨얼리보다 높으며 산 함량은 0.3%로 다소
낮다.

과즙이 많고 신맛이 적어 품질이 우수하고, 재식 초기에는 단초
전정을 하는 것이 좋으며 밀식재배로 재식 초기 수량을 확보하고 점
진적으로 간벌하여 적정 수세를 유지하도록 한다. 과립 밀착에 의
한 열과 위험은 거의 없으나, 과피색이 진하여 탁해지기 쉬우므로
봉지 씌우기로 밝은 선홍색이 나타나도록 재배하는 것이 좋다.

(3) 탐나라(Tamnara)

탐나라 품종은 1981년 국립원예특작과학원이 캠벨얼리 품종에
힘로드 품종을 교배하여 1998년 최종 선발한 품종이다. 숙기는 8
월 하순으로 캠벨얼리와 비슷하거나 조금 이르다. 과방중은 370g
이상이고 과립중은 7.5g으로 2배체 품종으로서는 대립이다. 당도

<청수>　　　　<홍단>　　　　<탐나라>　　　　<홍이슬>

는 17.4°Bx이고 산 함량은 0.4%로 식미가 매우 우수하다. 과방형
은 원추형, 과립형은 원형, 과피색은 자흑색, 과분과 과즙이 많아 캠
벨얼리와 동일한 특성을 보인다.

　캠벨얼리보다 내한성이 약하지만, 중부 이북 지역에서도 겨울철
무매몰 재배가 가능하다. 노균병과 새눈무늬병에 강한 편이고 수세
가 강하므로 주간거리를 충분히 확보하고 단초전정한다. 과피가
얇아 열과 발생이 우려되므로 약간 조기에 수확하는 것이 안전하고
가능하면 비가림시설에서 봉지재배를 실시한다.

(4) 홍이슬(Hongisul)

　포도 홍이슬 품종은 국립원예특작과학원이 1981년 캠벨얼리 품
종에 힘로드 품종을 교배하여 2000년 최종 선발한 품종이다. 숙기
는 8월 하순~9월 상순으로 캠벨얼리와 비슷하다. 과방중은 300g
정도이고 과립중은 5.5g 정도이다. 당도가 18.5°Bx로 캠벨얼리에
비해 높은 편이며 산 함량도 극히 낮아 0.2% 정도로 식미가 매우 우
수하다. 과방형은 원통형, 과립형은 원형, 착립 밀도는 높은 편이며

과피색은 아름다운 선홍색이다.

　내한성이 강하여 수원 지역에서 겨울철 무매몰 재배가 가능하다. 나무 위에서 숙기가 오래 지속되는 경향이 있으나 신초 하엽의 노화 현상이 빠르므로 착색기 때 유엽을 많이 확보하여 착색기 광합성산물이 송이로 많이 축적될 수 있도록 한다.

(5) 흑구슬(Heukgoosul)

　국립원예특작과학원이 1988년 골든마스캇(Golden Muscat)에 피오네(Pione)를 교배하여 2000년 최종 선발한 품종이다. 성숙기는 9월 하순 정도로 거봉보다 2～3일 정도 이른 중생종 품종이다. 과방중은 400g 이상이며 과립중은 13g으로 거봉보다 크고, 당도는 21.0°Bx로 매우 높으며 산 함량은 0.5%로 거봉과 비슷하다. 과피색은 자흑색으로 거봉과 같으며 과립형은 난형으로 꽃떨이현상이 적어 거봉 품종의 단점인 착립성이 개선된 품종이다.

　흑구슬은 4배체 구미 잡종이지만 내한성이 강하여 수원 지역에서 겨울철 무매몰 재배가 가능하고, 수세는 강하지만, 거봉보다는 약하다. 노균병과 새눈무늬병에 대한 저항성은 유럽종이나 거봉보다 강하다. 과피가 거봉에 비하여 얇고, 과립이 크며, 소과립경이 짧아 열과가 발생하기 쉬우므로 가능하면 비가림재배를 실시하고, 과원의 토양수분 관리에 주의하며 질소질 과용을 피한다.

(6) 흑보석(Heukbosuck)

국립원예특작과학원이 1992년 홍이두 품종에 거봉 품종을 교배하여 얻은 실생 중에서 2003년 최종 선발한 품종이다. 숙기는 9월 상·중순으로 거봉보다 이르며 과방중과 과립중은 각각 400g, 11g으로 거봉과 유사하다. 당도는 18.3°Bx, 산 함량은 0.55% 정도로 신맛이 많이 느껴지나 감산 조화로 식미가 매우 우수하다.

과피색은 자흑색이고 착립 밀도가 중정도로 착립, 착방이 양호하다. 내한성은 거봉에 비하여 강하지만 중부 이북 지역에서는 겨울철 월동 매몰이 안전하다. 꽃떨이현상이 거봉에 비해 적고 결실력이 좋아 과다결실 우려가 있으므로 송이솎기, 송이다듬기 등을 철저히 실시한다. 적숙기 때의 당도나 산 함량보다 착색이 먼저 진행되므로 미숙과 수확에 주의해야 한다.

(7) 수옥(Suok)

국립원예특작과학원이 1992년 거봉 품종에 홍이두 품종을 교배하여 얻은 실생 중에서 2004년 최종 선발해 명명한 품종이다. 성숙기가 9월 하순으로 거봉보다 10일 늦은 품종이며 과방중과 과립중이 각각 400g, 10.9g으로 거봉과 유사한 크기이다. 당도는 18.5°Bx로 거봉보다 낮고 산 함량은 0.63%로 거봉보다 높아 감산 조화로 식미가 우수하다. 과피색은 자흑색으로 과립이 크고 정형화되어 외관이 매우 우수하다.

착립성이 좋아 과다결실 우려가 있으므로 적정 수량(1,800kg/

10a) 및 적정 송이무게(450g)로 조절이 필요하며 유목기에는 착립이 잘 되나, 수령이 증가되면서 장초전정으로 적정 수세를 유지하도록 관리한다. 배수가 잘 되도록 토양을 관리하여 착색기에 비가 내리면 열과 방지에 주의하며 가능한 한 비가림시설에서 봉지재배로 고품질 포도를 생산하도록 한다.

(8) 진옥(Jinok)

국립원예특작과학원이 1983년 델라웨어 품종에 캠벨얼리 품종을 교배하여 얻은 실생 중에서 2004년 최종 선발해 명명한 품종이다. 숙기는 8월 하순으로 캠벨얼리에 비해 조금 이르거나 비슷하다. 과방중은 350g 이상이며 과립중은 6.0g으로 캠벨얼리와 과실 크기가 비슷하다. 당도와 산 함량은 각각 15.8°Bx, 0.49%이다. 과피는 자흑색으로 착색이 매우 양호하며, 과방형은 원추형, 과립은 원형이다. 수확기에 탈립이나 열과 현상이 거의 나타나지 않는 내재해성 품종이다.

(9) 두누리(Doonuri)

국립원예특작과학원이 1982년 쉴러 품종에 캠벨얼리 품종을 교배하여 얻은 실생 중에서 2006년 최종 선발해 명명한 품종이다. 숙기는 8월 하순으로 캠벨얼리와 유사하며 과방중과 과립중은 각각 330g, 5.1g 정도이다. 당도는 16.4°Bx이며 산 함량은 0.50%인 품종으로 감산 조화가 좋아 식미가 우수하다. 과피는 자흑색이고, 과방형은 원추형이며, 과립은 난형으로 과분과 과즙이 많다. 착립성이 뛰어나 송이가 균일하고 수확기간이 길며 나무에서 품질이 오랫동안 유지된다.

과립의 밀착도가 느슨하여 송이다듬기 작업이 거의 필요 없어 노동력이 적게 소요된다. 양조 시 산미가 낮고 탄닌 성분 함량이 많아 나무딸기향과 숯향이 짙어 양조 품질이 좋다.

(10) 탄금추(欸今秋, Tankeumchu)

국립원예특작과학원이 1987년 타노레드 품종에 슈퍼 함부르그 품종을 교배하여 얻은 실생 중에서 2007년 최종 선발해 명명한 품종이다. 숙기는 9월 상·중순으로 캠벨얼리 수확기 이후 거봉 수확 전에 수확이 가능한 품종이다. 과방중과 과립중은 각각 400g, 7g 정도로 2배체 중 비교적 과립이 큰 편이다. 당도는 18.0°Bx이며 산 함량은 0.53%인 흑색 품종이다. 착립성이 좋아 과립이 과도하게 밀착되므로 송이다듬기를 철저히 해야 하고, 착색기 이후 열과에 유의한다.

(11) 홍아람(Hongaram)

　국립원예특작과학원이 1989년 타노레드 품종에 머스캇함부르그 품종을 교배하여 얻은 실생 중에서 지역적응시험을 거쳐 2009년 최종 선발하여 명명한 품종이다. 숙기는 10월 상순으로 '캠벨얼리' 품종보다 수확기가 30일 정도 늦으며 '타노레드' 품종과 비슷하다. 과방중과 과립중은 각각 455g, 5.7g 정도이고, 당도는 19.6°Bx로 비교적 높고, 산 함량은 0.7%이다.

　과피색은 암자적색인 적색계 품종으로 유럽종 포도 특유의 머스캇 향이 강하며 껍질째 먹기 좋다. 송이 착과와 착립이 양호하고 단초전정이 가능하여 수체관리가 용이하고, 수확기에 나무에서도 품질이 오랫동안 유지되는 장점이 있다. 과실 특성은 유럽종 포도에 가까우나 잎 뒷면의 모용이 밀집되어 일반적인 포도 병해에 강한 편이다.

〈두누리〉　　　〈탄금추〉　　　〈홍아람〉　　　〈나르샤〉

(12) 나르샤(Narsha)

국립원예특작과학원이 1983년 '알덴' 품종에 국내 야생종인 머루를 교배하여 얻은 실생 중에서 지역 적응 시험을 거쳐 2009년 최종 선발한 양조용 품종이다. 숙기는 9월 중순으로 '캠벨얼리' 품종보다 수확기가 늦고, 과방중과 과립중은 각각 274g, 3.2g 정도이며 당도는 19.9°Bx로 매우 높으며 산 함량은 0.86%이다.

과피색은 흑색으로 양조 시 머루향과 머스캇향이 어우러져 나타나는 독특한 향을 음미할 수 있다. 신초 아래쪽 눈의 착과율이 좋아 단초전정이 가능하고 착립 밀도가 조밀하지 않아 송이다듬기 작업이 필요하지 않으며 열과 발생이 매우 적다. 수세는 적당하며 일반적인 포도 병해에 대한 저항성이 중 정도이고, 수원 지역에서 겨울철 노지 월동이 가능하다.

(13) 홍소담(Hongsodam)

국립원예특작과학원이 1988년 '더체스'에 '대평델라'를 교배하여 얻은 실생 중에서 2010년 최종 선발한 품종이다. 숙기는 9월 중순이며 과방중은 184g이고 과립중은 3.8g으로 소립이다. 당도는 19.7°Bx, 산 함량은 0.45%로 식미가 매우 우수하며 적색 계통 특유의 착색 불량이 개선된 품종이다.

송이 착과와 착립이 양호하고 단초전정이 가능하여 수체관리가 용이하고, 수확기간이 길며 나무에서 품질이 오랫동안 유지되는 장점이 있다. 수원 지역에서 겨울철 노지 월동 시 1~2년생 유목일 경

〈홍소담〉 〈새마루〉 〈홍주씨들리스〉

우 월동대책이 필요하다.

(14) 새마루(Saemaru)

'새마루' 품종은 1995년 세리단 품종의 방임수분 종자로부터 얻은 실생 중 생육, 생태 및 과실 특성이 우수하여 선발하였다. '새마루'의 숙기는 수원 노지재배 기준 9월 중순으로 캠벨얼리보다 늦고, '세리단'보다 이르므로 수확기 분산이 가능하다.

과립중은 6.4g으로 우리나라 주품종인 캠벨얼리와 비슷하고, 당도는 17.7°Bx, 산 함량은 0.33%로 캠벨얼리에 비해 당도가 높고, 껍질이 약간 더 두꺼운 특성을 갖고 있어 열과 발생이 적은 편이다. 착립, 착방이 양호하여 단초전정이 가능하고 9월 중순이 숙기인 중생종으로 고품질과 생산을 위해서는 비가림 또는 하우스재배로 수확기까지 잎을 건전하게 유지해야 한다. 성숙 전에도 착색이 잘 되므로 미숙과 수확에 주의하고 당도가 17.0°Bx 이상 되었을 때 수확하는 것이 좋다.

(15) 홍주씨들리스(Hongju seedless)

국립원예특작과학원이 1996년 '이탈리아'에 '펄론'을 교배하여 얻은 실생 중에서 2013년 최종 선발한 무핵 품종이다. 숙기는 10월 상순으로 만생종이고, 과방중 538g, 과립중 5.4g으로 무핵 품종 중에서는 대립계에 속한다. 당도는 18.4°Bx, 산 함량은 0.62%이고 과육이 아삭하여 식감이 매우 우수하다. 풍산성으로 착립, 착방이 양호하고 열과가 매우 적으며 꽃떨이현상도 거의 없다.

숙기가 10월 상순인 만생종으로 고품질 포도를 생산을 하기 위해서는 비가림 또는 하우스재배로 적숙기까지 잎을 건전하게 유지해야 한다. 수세가 매우 강하므로 주간거리를 5m 이상 유지하면서 단초전정을 한다.

2 도입 품종
1) 자흑색 품종
(1) 캠벨얼리(Campbell Early)

미국 오하이오 주에서 캠벨씨가 1892년에 '무어얼리'에 '벨비데르'와 '머스캇함부르그'를 교배하여 얻은 실생을 화분친으로 하여 육성한 품종이다. 과방은 원추형으로 350g 정도이며 과립중은 6g 내외이고 과피가 약간 두꺼운 편이다. 당도는 14.0°Bx 정도 되고 산미는 완숙되면 적은 편이다.

육질은 질긴 편이나 과피와 쉽게 분리되며 과즙이 많고, 숙기는 8월 하순경으로 주로 생식용으로 이용된다. 수세는 중 정도로 내한성은 매우 강하고, 결실성이 좋아 단초전정한다. 1결과지당 1~3개의 꽃송이가 달리는데 과다결실되면 수세가 약해지고 품질이 저하된다. 고온다습하면 새눈무늬병, 갈색무늬병 및 꼭지마름병 등의 발생이 심하므로 주의한다.

(2) 거봉(巨峰, Kyoho)

1937년 일본인 다이쇼씨가 '캠벨얼리' 4배체 대과 돌연변이인 '석원조생'에 유럽종 4배체 '센테니얼'을 교배하여 1955년에 최종 선발한 4배체 대립 품종이다. 숙기는 9월 중순이며 과방형이 원추형으로 과방중과 과립중이 각각 400g, 11g 이상, 당도는 19.0°Bx, 산 함량은 0.4%로 식미가 우수한 고품질 품종이다.

육질이 연하고 과즙도 많으며 과피색은 자흑색이고, 수세는 매우 강하여 개화기에 웃자라는 특성이 있으므로 꽃떨이현상에 주의해야 한다. 착립기에 과다결실하면 착색이 불량해지고 품질이 떨어지므로 송이솎기 및 송이다듬기로 적정 착과량으로 조절해야 한다.

〈거봉〉

〈캠벨얼리〉

〈자옥〉

〈머스캇베일리에이〉

(3) 머스캇베일리에이(Muscat Bailey A, MBA)

일본 니가타현의 가와카미(川上)씨가 1927년에 '베일리' 품종에 '머스캇함부르그' 품종을 교배하여 얻은 실생 중에서 생식과 가공을 겸한 품종을 선발해 명명하였다. 숙기는 10월 상순으로 만생종이고 과방중은 500g 이상으로 크고, 과립중은 5g 정도이다. 당도는 19.0°Bx, 산 함량은 0.65%로 감산 조화의 생식용으로 식미가 우수하며 양조 품질도 좋아 생식 및 양조를 겸한 품종이다.

완숙 시 머스캇 향을 풍부하게 느낄 수 있으며 육질은 연하고 과피가 비교적 강해서 수송성도 있다. 수세는 왕성한 편이며 과다착과 시 착색이 불량해지므로 송이무게 조절을 철저히 해야 한다. 착색기간이 길어 미숙과를 수확하기 쉬우므로 숙기 판정을 잘해서 수확해야 하고, 대체로 병에 강하지만 새눈무늬병 및 노균병에 약하며, 잎자루, 덩굴손, 엽맥 등이 붉은색을 띠므로 쉽게 구분할 수 있다.

(4) 자옥(紫玉, Shigyoku)

'고묵(高墨)'의 조숙변이 품종으로 1982년 일본에서 선발되어 '조생고묵(早生高墨)'으로 불리기도 한다. 숙기는 8월 중순으로 대립종 중에서는 가장 수확시기가 이르다. 과방은 300g 정도로 작은 편이고 원추형이며, 과립은 10g 정도로 과피는 자흑색이다. 당도는 18.0°Bx로 높은 편이고 산미는 적으며 육질은 연한 편으로 품질이 우수하다.

수세는 왕성한 편이나 거봉보다는 약하고, 내병성은 비교적 강한 편이나 내한성은 약하므로 월동에 유의한다. 꽃떨이현상이 나타나기 쉬우므로 수세 안정을 꾀하고, 안정적인 결실을 위해서는 생장조절제를 처리하여 재배하기도 한다.

2) 적색 품종

(1) 루비오쿠야마(Ruby Okuyama)

브라질에서 발견된 이탈리아 품종의 적색계 아조 변이체를 일본인 오쿠야마(奧山)씨가 일본에서 등록한 품종이다. 성숙기는 10월 상순으로 만생종이며 과방중이 500g 이상이고, 과립중은 6g 정도이며, 맑은 적색으로 착색된다. 당도가 19.0°Bx이고, 산 함량이 0.3%로 식미가 매우 우수하며 성숙기 때 진한 머스캇 향이 난다.

포도알은 난형이며 원추형으로 착방되고, 탈립이 적어 수송성도 뛰어나다. 수세는 강하고 착립이 잘되며 풍산성이고, 열과 발생이 적지만, 과다착과 시 숙기지연과 착색불량이 쉽게 일어나므로 송이 솎기 및 송이다듬기를 철저히 한다. 직광 착색 품종이므로 과번무가 되지 않도록 충분한 주간거리를 확보한다.

(2) 비올라(Viola)

이탈리아에서 '머스캇함부르그' 품종에 '피로반노 62' 품종을 교배하여 육성한 품종으로 'Dalmasso 18-3'으로도 알려져 있다. 숙기는 남해에서 9월 하순이며 성숙기 때 자적색으로 착색된다. 과방중은 1,000g 정도로 매우 크며 과립중도 7g 정도로 2배체 중에서는

큰 편이다. 당도와 산 함량은 각각 19.0°Bx, 0.55%로 식미도 우수
하다. 과방형은 원추형이며 과립은 난형이고, 수세는 중 정도로 착
립, 착방이 양호하여 결실이 잘된다. 성숙기에 약간의 열과가 발생
하며, 노균병에는 다소 약하다.

(3) 크리스마스로즈(Christmas Rose)

미국에서 'S44-35C(Hunsia×Emperor×Nocera)'실생에
'9117D(Hunsia ×Emperor×Pirovano 75)' 실생을 교배하여 1980
년에 올모(Olmo) 교수가 선발한 품종이다. 숙기는 9월 하순~10
월 상순으로 만생종이고, 과방중은 700g, 과립중은 9g 정도로 2배
체 포도 중 매우 큰 대립 품종이다.

당도는 21.0°Bx 정도로 매우 높고, 산 함량은 0.4%로 낮아 식
미가 매우 우수하다. 과피는 맑은 적색이며 과피는 분리되지 않고,
과분과 과즙이 많다.

〈루비오쿠야마〉 〈비올라〉 〈크리스마스로즈〉 〈델라웨어〉

(4) 델라웨어(Delaware)

*V. labrusca*와 *V. aestivalis*가 교잡된 것으로 추정되는 우연 실생을 미국에서 선발해 명명한 품종이다. 숙기는 9월 상순이며 과방중과 과립중이 각각 90g, 1.5g으로 소립종이다. 당도는 19.2°Bx, 산 함량은 0.2%로 식미가 우수하다.

성숙일수가 짧고, 연속 조기가온 시 수세가 저하되지 않으며, 품질이 우수하여 우리나라와 일본에서 조기가온 재배에 많이 이용하고 있다. 소립이고 종자가 크므로 하우스에서 지베렐린 처리에 의한 무핵재배에 적합한 품종으로 정확한 시기에 지베렐린을 처리하는 것이 중요하다.

3) 녹황색 품종

(1) 네오머스캇(Neo Muscat)

일본 오카야마현의 히로다씨가 1926년 '머스캇오브알렉산드리아' 품종에 '갑주삼척'을 교배하여 얻은 실생 중에서 1932년에 선발해 명명한 품종이다. 숙기는 9월 중순으로 중생종이며 적숙기에 과피는 녹황색으로 외관이 미려하다. 당도는 19.0°Bx, 산 함량은 0.4%로 식미가 매우 우수하며 머스캇 향이 짙다.

과방은 장원추형으로 400g 이상 되며 과립중은 5g으로 캠벨얼리와 비슷하다. 과육은 연하고 과즙은 많지 않지만, 하우스 재배에 적합한 품종으로 수세가 강하고 내한성은 약하다. 개화기의 고온은 과축의 이상 생장과 꽃떨이현상을 발생시킬 수 있다. 겨울에 묻어서 월동시킬 경우 상처를 통해 줄기혹병이 발생될 우려가 있으므로 매몰보다는 보온재로 피복하는 것이 병 발생을 억제할 수 있는 방법이다.

(2) 디아망(Diamant)

슬로바키아에서 '줄스키비이저' 품종에 '파노니아킨세' 품종을 교배하여 육성한 품종이다. 숙기는 남해에서 8월 중순이며 원추형인 과방이 480g 이상 되고, 과립중은 5g 정도로 캠벨얼리와 비슷하다. 당도는 16.0°Bx 정도, 산 함량은 0.48%로 단맛이 강한 품종은 아니다.

과립은 장난형이며 적숙기에 녹황색으로 착색되고, 과피 분리는 안 되며 과즙량도 많지 않다. 수세는 중강 정도로 착립이 우수하여 결실성이 좋아 풍산성으로 꽃떨이현상이 적다.

〈네오머스캇〉　　〈디아망〉　　〈로자리오비앙코〉　　〈줄라이머스캇〉

(3) 로자리오비앙코(Rosario Bianco)

일본의 우에하라(植原)포도연구소가 1976년에 '로자케' 품종에

216

'머스캇오브알렉산드리아' 품종을 교배하여 얻은 실생 중에서 1987년 최종 선발해 등록한 품종이다. 숙기는 9월 중·하순으로 만생종이며 당도는 18.0°Bx 이상이고, 신맛이 매우 약하다.

원추형의 과방은 400g 이상 되고, 과립은 8g의 난형으로 2배체 중에서는 큰 편에 속한다. 과피는 녹황색으로 착색되며 과육이 단단하고, 과피 분리가 어려워 껍질째 먹을 수 있는 품종이다. 가지와 잎이 크고 수세가 왕성하여 빈 가지 발생이 나타나기 쉬우므로 수세관리에 주의한다. 열과나 탈립성이 적어 재배 안정성이 높으나 내한성이 약하므로 중부 이북 지역에서는 월동대책이 필요하다.

(4) 줄라이머스캇(July Muscat)

미국에서 1950년 '캘리포니아 126-11(Muscat of Alexandria ×Flame Tokay)'에 '캘리포니아 K4-41(Muscat Hamburg× Scolokertek Kiralynoje)'를 교배하여 얻은 실생 중에서 선발해 명명한 품종이다. 숙기는 남해에서 8월 중순으로 조생종이며 과방중이 550g 정도, 과립중은 6.5g 정도의 대립 품종이다.

당도는 19.5°Bx로 높고, 산 함량은 0.45% 정도로 낮아 식미가 매우 우수하다. 녹황색으로 착색되며 과방은 원통형이며, 과분은 많지 않고 완숙 시 강한 머스캇 향이 나고, 수세는 왕성하며 결실성은 중 정도이다.

(5) 샤인머스캣(Shine Muscat)

1988년 일본과수연구소가 '안예진21호(스튜벤×머스캇오브알렉산드리아)'에 '백남' 품종을 교배하여 얻은 실생 중에서 2003년 선발하여 2006년에 등록한 품종이다. 숙기는 거봉과 유사하다. 과방중은 550g 정도, 과립중이 10g 정도로 대립 품종이다. 당도는 20.0°Bx, 산 함량은 낮고 성숙기에 과피는 녹황색으로 착색되며 과육은 단단하다.

과피 분리가 어려워 껍질째 먹을 수 있고, 열과나 탈립성이 적어 재배 안정성이 높으며, 새눈무늬병에는 약하고, 노균병 저항성은 거봉과 비슷한 수준이다.

X.
포도나무의 형태

포도나무는 지하부인 뿌리와 지상부인 줄기, 잎 및 꽃(과일) 등으로 구성되어 있으며, 영양생장 기관인 뿌리, 줄기, 잎과 생식생장 기관인 화아(꽃눈), 꽃, 과실 등으로 나눌 수 있다.

1. 뿌리 

뿌리는 포도나무를 토양에 고정시키고, 물과 필요한 무기양분을 흡수하여 이동시키는 통로가 될 뿐만 아니라, 유기양분을 저장하는 장소도 된다.

1 뿌리의 분화

포도나무의 뿌리는 발생 기원에 따라 씨뿌리(종자근, 種子根)와 막뿌리(부정근, 不定根)로 구분하며, 씨뿌리는 포도 종자가 발아할 때 발생하고, 막뿌리는 줄기에서 발생한다.

포도 실생의 뿌리는 어린 뿌리가 직근과 측근으로 발달하며 꺾꽂이 묘목은 막뿌리가 주된 근계를 이룬다. 꺾꽂이를 하면 막뿌리는 줄기 절단면 부근의 분열 조직에서 발생하는데, 대부분 마디의 눈 부근에서 발달한다〈그림 10-1〉. 월동 후 뿌리의 생장이 다시 시작되면, 여러 생장점으로부터 많은 흡수근이 발달하며, 근계가 확장되면서 뿌리 내 분열 조직으로부터 새로운 지근이 발생하여 뿌리의 흡수 영역이 확대된다.

어린 뿌리는 근단부, 신장대, 흡수대 그리고 통도대로 구분되고, 줄기와는 달리 뿌리에는 마디가 없다. 근단부는 2~4㎜로 새로운 세포를 형성하는 것이 유일한 기능이다. 근단의 끝에는 분열 조직을 싸고 보호하는 근관이 있으며, 수 ㎜ 길이의 신장대가 근단부와 바로 인접해 있다. 그 안으로 약 10㎝에 이르는 흡수대가 있어 토양으로부터 양분과 수분을 흡수하는데, 많은 표피세포가 표면으로부터 수직으로 발달하여 뿌리털을 이루고 있어 흡수 영역이 크게 증가하게 된다. 이 부분은 황색을 띠며, 근모대라고 하고, 항상 새로운 생장으로 보충된다.

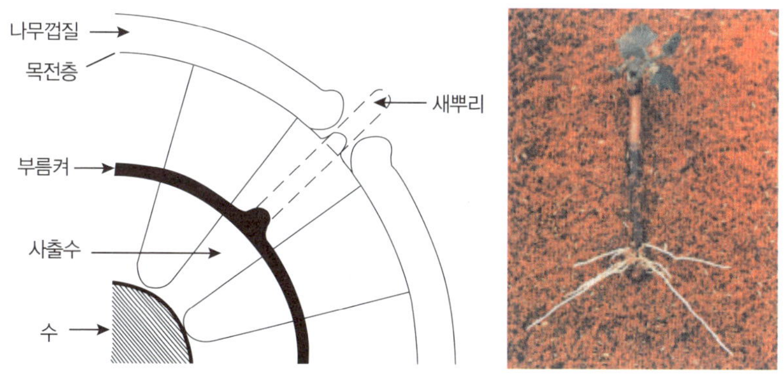

〈그림 10-1〉 막뿌리 형성 과정과 꺾꽂이 묘의 발근 〈Sahuc, 柴 原圖〉

통도대는 흡수대 안쪽 전 부분에 걸쳐 있으며, 갈색을 띠고 있어 쉽게 구분된다. 흡수대와 통도대가 만나는 부위에서는 곁뿌리가 발달하는데, 아주 작은 측근을 잔뿌리라고 하며, 왕성하게 생장하는 포도나무 한 그루에서 1년에 수천 개 잔뿌리가 발생한다.

2 뿌리의 분포

뿌리 생장은 토양의 물리성에 따라 크게 좌우되는데, 뿌리는 대개 지표로부터 1.5m 내에 분포하며, 근계의 50% 이상 20~45㎝ 깊이에 분포하나, 때로는 매우 깊게 뻗는다. 토양 구조가 미세하면 얕게 분포하지만, 모래가 많은 토양에서는 2~3m, 그리고 거친 모래나 자갈이 섞인 토양에서는 8m를 넘는 수도 있다. 그리고 수평적으로는 지상부보다 훨씬 넓게 분포하고, 뿌리의 분포에 영향을 주는 향지각은 종과 품종에 따라 유전적으로 변이가 크다(표 10-1).

표 10-1 포도의 향지각 〈Guillon〉

Vitis 종(種)	향지각
V. rupestris var. du Lot(루페스트리스)	20°
V. berlandieri(베르랑디에리)	25~30°
V. riparia(리파리아)	75~80°
V. rupestris×V. berlandieri	40~50°
V. vinifera(비니페라)×V. berlandieri(41 B)	45°
V. riparia×V. rupestris	40~60°
V. riparia×V. berlandieri	60~75°

Vitis riparia와 그 특성을 많이 가진 riparia의 잡종은 향지각이 커서 천근계(淺根系)를 형성하며, V. rupestris와 V. berlandieri 및 이들의 특성을 많이 가지는 잡종은 심근계(深根系)를 발달시킨다. 같은 심근성이지만 V. rupestris는 잔뿌리가 많이 발생하여 근계가 확산되지만, 분지가 잘 안 되는 V. berlandieri의 근계는 좁게 분포된다.

3 뿌리의 생장

포도나무의 뿌리는 3월 중·하순경 지온이 12~13℃로 올라가면 지상부가 아직 휴면 상태에 있더라도 활동을 개시하여 수분을 흡수하고 새 뿌리가 왕성하게 발생한다.

생장이 시작된 뿌리는 계속 자라 7월 상·중순에 최대 생장량을 보여 주고 지온이 26~28℃에 달하는 고온 건조기에 일단 생장이 정지한다. 그 후 지온이 약간 낮아지는 9월 상순부터 다시 왕성하게 자라며 9월 중·하순에는 2차 생장 최성기가 되고 11월 상순에 지온이 다시 13~14℃로 낮아지면 생장이 정지된다〈그림 10-2〉.

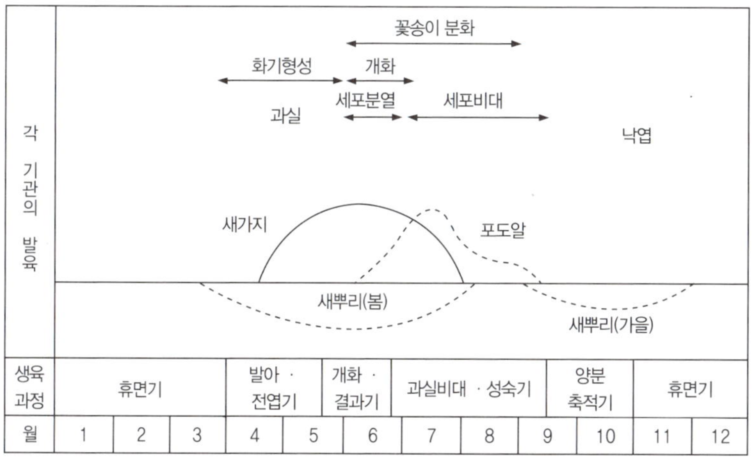

생육 과정	휴면기			발아 · 전엽기	개화 · 결과기	과실비대 · 성숙기			양분 축적기	휴면기	
월	1	2	3	4	5	6	7	8	9	10	11	12

〈그림 10-2〉 포도의 생육 과정 〈熊代, 鈴木, 1983〉

2. 줄기

포도나무는 덩굴성 식물로서 줄기와 덩굴손으로 여러 형태의 지지물에 고정된다. 포도나무의 지상부를 이루는 줄기는 주간과 주지, 그리고 해마다 새로운 생장을 하여 전정으로 제거되거나 일부가 남게 되는 결과모지와 1년생 가지인 결과지로 구성된다.

1 주간, 주지와 결과모지

　주간은 다른 지상부를 지지해 주면서 뿌리와 연결하는 중요한 부분이다. 뿌리로부터 흡수된 무기물과 수분이 잎까지 이동되고, 잎에서 식물 전체에 영양을 주는 양분이 합성되는데, 양분의 일부는 주간의 통도조직을 통해 뿌리로 이동된다. 주간은 해마다 굵어지고, 곧게 자라며, 이 주간에서 갈라진 2년생 이상의 가지를 주지라 하며, 단과지군과 결과모지는 주지 위에 형성된다.

2 신초와 결과지

　생육 초기의 가지는 초본성으로 녹색을 띠고 유연하며 수분 함량이 많은데, 이것을 신초라 한다. 신초는 색깔이 진해지면서 수분 함량이 점차 감소하고, 부러지기 쉽게 되는데, 이 과정을 목질화라고

〈그림 10-3〉 꽃송이 착생의 간속성(李原圖)

〈그림 10-4〉 덩굴손과 잎의 어긋나기

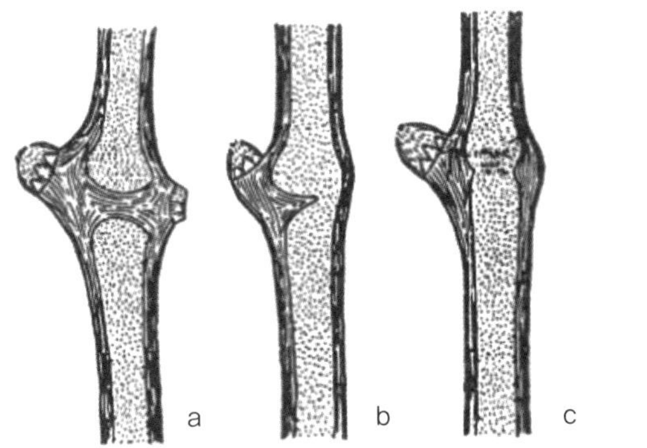

〈그림 10-5〉 포도 줄기 마디벽 〈Kozmapal〉

하며, 낙엽 후 목질화된 가지를 1년생 가지라고 한다. 생장이 진행되면서 신초 위에 꽃송이가 달리게 된다. 가지의 약간 비후된 부분을 마디라고 하고, 마디와 마디 사이는 절간이라고 한다. 각 마디에 잎이 좌우로 어긋나게 달리고 잎의 반대쪽에 덩굴손 또는 꽃송이가 달리는데 유럽종은 간속성으로 두 개 달리고 하나를 뛰어넘지만 〈그림 10-3〉 미국종은 연속성으로 3~5마디 연속하여 달린다 〈그림 10-4〉.

1년생 가지의 중심은 부드러운 수(髓) 조직으로 되어 있으며, Vitis rotundifolia 등의 머스카딘(Muscadine) 포도는 연결된 것도 있으나, 대부분 종들은 마디벽으로 수 조직이 단절되어 있다〈그림 10-5〉.

휴면기 12년생 'S. 9110' 포도나무의 지상부 생체중은 4.4kg으로 뿌리 무게 약 3kg보다 조금 더 무겁고 건물중은 지상부가 55.8%로 높은 것으로 나타났으며, 지상부에서는 주지, 지하부에서는 측근

부위가 가장 무거운 것으로 조사되었다(표 10-2).

 포도 'S.9110' 12년생의 휴면기 부위별 무게 〈이영철〉 (단위: kg)

구분	지상부					지하부(뿌리)				합계
	주간	주지	결과지군	결과지	계	주근	측근	세근	계	
생체중	1.39	1.86	0.41	0.74	4.40	1.11	1.55	0.37	3.03	7.43
(%)	(18.7)	(25.0)	(5.6)	(10.0)	(59.1)	(14.9)	(20.8)	(5.0)	(40.9)	(100)
건물중	0.79	1.09	0.24	0.42	2.54	0.60	1.17	0.25	2.02	4.56
(%)	(17.4)	(24.0)	(5.3)	(9.2)	(55.8)	(13.2)	(25.6)	(5.4)	(44.2)	(100)

3. 잎

잎은 포도의 필수적인 생리 기관으로, 가장 중요한 분류학적 기준이 된다. 잎은 마디에서 어긋나기로 발생하는데, 잎몸과 잎자루로 구성된다〈그림 10-6〉. 잎자루는 밑부분이 비후되어 있는데, 이 부분에서 넓고 짧은 인편으로 구성된 턱잎이 발생하지만, 바로 말라버리거나 떨어진다. 잎몸의 울타리 조직세포는 많은 엽록체를 포함하는 한 층의 세포로 되어 있고, 갯솜 조직의 세포는 많은 엽록체와 공극을 가지고 있다〈그림 10-6〉.

잎은 전엽 후 30~40일이 되면 완전한 크기가 되며 잎 나이에 따라 두께가 두꺼워진다. 숨구멍은 잎 뒷면에 많으나, 표면에는 거의

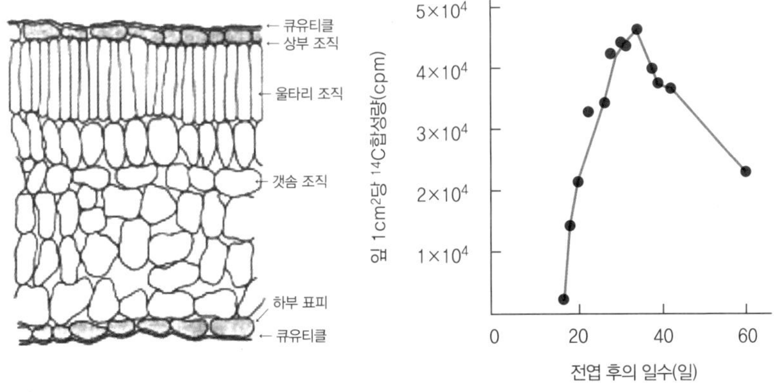

〈그림 10-6〉 V. vinifera 잎의 단면도 〈Viala, 1910〉

〈그림 10-7〉 포도나무의 엽령별 광합성 능력의 변화 〈Kriedemann 등, 1970〉

없다.

잎몸은 대부분 5갈래로 되어 있고, 잎의 가장자리는 보통 톱니 모양이며, 배수조직으로 끝나는데, 여기서 액체가 방출된다. 잎에는 보통 5개의 주맥이 있고, 이 주맥에서 지맥과 세맥이 형성되어 그물 모양의 엽맥이 구성된다. 엽맥은 양분의 통로가 되며, 전엽된 잎을 지지하여 적절히 노출되게 해 준다. 잎은 일반적으로 진한 녹색인데, 표면이 더 진하다. 착색계 품종에서는 가을에 잎이 착색될 때도 있는데, 안토시아닌 색소의 축적 때문이다. 잎의 주된 기능은 광합성과 증산작용이고, 잎의 광합성 능력은 전엽 후 35일경이 최대가 된다〈그림 10-7〉.

4. 눈

눈은 잎겨드랑이의 분열조직으로부터 발달한다. 눈은 원눈, 덧눈과 2차지 곁가지로 구분되는데, 원눈과 덧눈은 같이 있기 때문에 하나의 눈처럼 보여, 이것을 겹눈 또는 단순히 눈이라고 한다.

다음해 신초는 늦여름부터 가을철에 눈이 휴면에 들어간 1년생 가지의 마디에 있는 원눈으로부터 발생하며, 꽃송이는 3~6째 마디 잎의 반대쪽에 달린다. 신초가 원눈으로부터 발달하며, 2개의 덧눈은 숨은 눈으로 남았다가, 원눈이 죽으면 이 둘 중 하나가 죽은 눈을 대체하여 생장한다. 겨울에는 눈이 단단한 인편과 솜털로 싸인다〈그림 10-8〉.

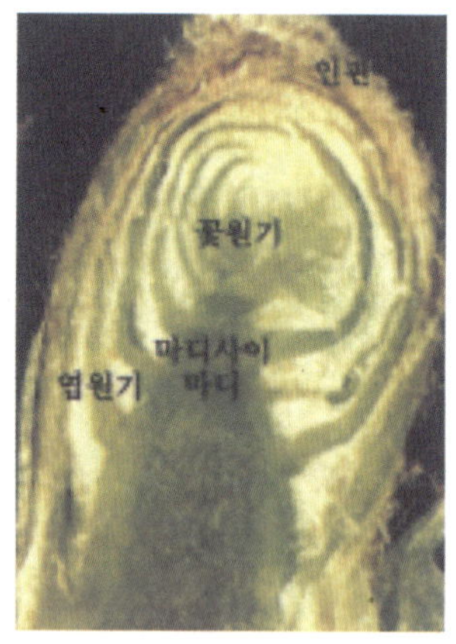

〈그림 10-8〉 캠벨얼리의 원눈에 꽃원기가 형성된 모습 〈최인명, 1999〉

덧가지는 생육이 왕성한 신초로부터 발생하는데, 덧가지에서도 포도가 열리지만 상품성은 없다. 덧가지의 잎겨드랑이에서 다시 덧가지가 발생할 경우도 있다. 잎겨드랑이가 아닌 곳에서 발생하는 눈을 막눈(부정아, 不定芽)이라고 하며, 이들은 오래된 주간(主幹) 또는 주지(主枝)의 목질부에 묻혀 있다가 과도한 전정 등으로 발아하는데, 대부분 신초는 생육초기 고사하고 극히 일부가 웃자람가지로 된다. 또한 포도나무는 교목 과수와는 달리 끝눈(정아, 頂芽)을 형성하지 않는다.

5. 꽃송이와 꽃 

포도의 꽃은 총상원추 꽃차례를 이루며, 신초 1개당 1~4개의 꽃송이가 착생된다.

꽃은 작아서 유럽종의 지름은 4~5㎜이고, 2㎜(V. berlandieri)에서 6~7㎜(V. labrusca)의 변이를 보이고, 꽃받침 조각과 꽃잎은 5개로 녹색을 띠며 유합되어 있다. 5개의 수술, 1개의 암술을 가지며, 심피는 보통 2개로 각 심피에는 2개씩의 배주가 있다. 개화할 때 꽃잎은 밑 부분에서 분리되며, 생장하는 수술대에 의해 꽃부리가 탈락하게 되며, 이때 꽃밥의 터짐은 주로 외부로 일어남으로 꽃가루는 인접된 꽃에 떨어지게 된다〈그림 10-9, 10-10〉.

〈그림 10-9〉 포도꽃의 개화 〈李 原圖〉

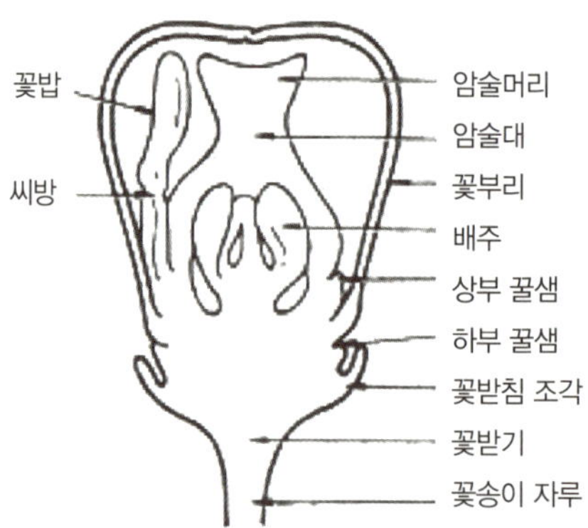

〈그림 10-10〉 포도꽃의 구조 〈大井上〉

포도꽃은 정상적인 암술과 수술을 다 갖춘 양성꽃, 수술만 있고 암술은 없거나 생리적으로 기능을 못하는 수꽃, 그리고 암술은 정상적이나 수술이 없거나 형태적으로 기능을 갖추지 못한 암꽃 등 세 가지로 나뉜다.

　포도알의 형태는 품종 식별의 중요한 기준으로 원형(圓形), 타원형, 난형, 편원형, 장타원형, 도란형 등이 있다〈그림 10-11〉.

〈그림 10-11〉 포도 알의 형태

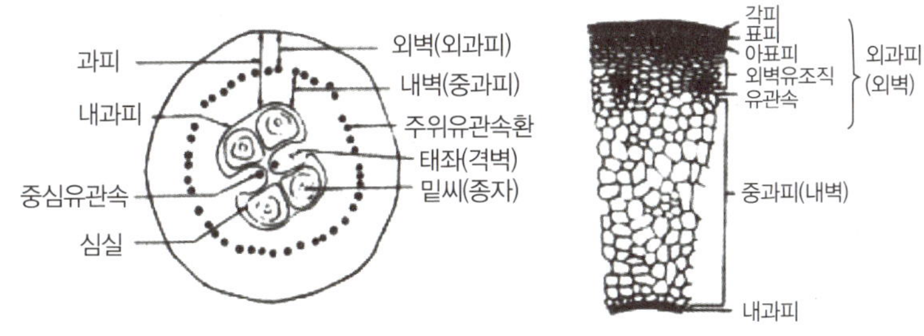

〈그림 10-12〉 포도 과립의 내부구조

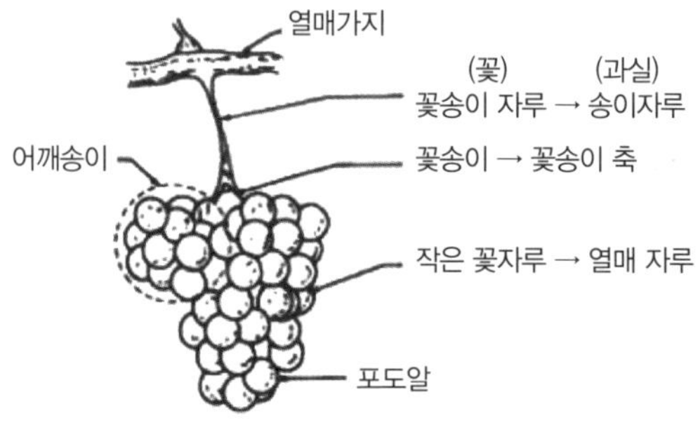

〈그림 10-13〉 송이 각 부분의 명칭 〈大井上 原圖〉

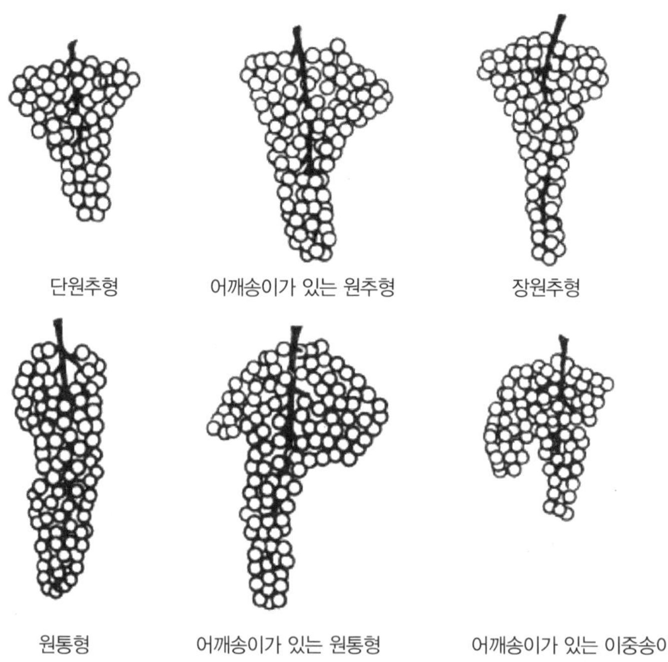

〈그림 10-14〉 송이의 여러 형태 〈Kasimatis 등 原圖〉

열매 껍질의 색깔은 품종에 따라 다르고, 일조조건에 따라서도 변이를 나타내어 녹색, 황색, 홍색, 자흑색 등으로 분류된다.

포도알은 열매 껍질, 과육 및 종자 등으로 구성된다. 열매 껍질은 포도알을 덮고 있고, 과분으로 덮여 있는데, 과분은 납질로 여기에는 효모와 미생물이 묻어 있으며, 때로는 향기를 지니기도 한다. 과육은 세층의 세포로 구성되며, 착색되는 품종도 있으나 일반적으로 무색이고, 과육세포는 과즙을 함유하고 있다.

종자는 변색기부터 성숙하는데, 배주가 4개이므로 이론상으로는 종자가 4개지만, 보통 1개부터 4개까지이다〈그림 10-12〉.

송이의 형태도 매우 다양하고, 송이가 달려 있는 자루를 송이자루라고 하고, 송이자루가 갈라진 자루를 송이축이라고 하며, 포도알이 달려 있는 자루는 열매자루라고 한다. 송이자루, 송이축, 열매 껍질, 과육 및 종자가 차지하는 비율은 과즙의 착즙량을 결정하는데, 재배조건이나 품종에 따라 다르다〈그림 10-13, 10-14〉.

XI.
대목과 번식

1 대목의 필요성

포도는 5,000~6,000년 전부터 중동과 지중해 연안에서 재배되기 시작하여 현재는 북반구의 캐나다, 러시아부터 남반구의 남아프리카공화국과 호주까지 세계 거의 모든 지역에서 재배되고 있다. 지금까지 14,000여 품종이 선발 또는 육성되었으며, 그중 현재 1,000여 품종이 상업적으로 재배되고 있다.

포도 재배에 대목을 이용하기 시작한 것은 19세기 중반부터로 포도 재배역사에 비추어 볼 때 아주 최근의 일이다. 그 이유는 포도는 뿌리가 잘 발생하고, 토양 및 기후 적응성이 우수하며, 다른 과수에 비해 송이가 빨리 달리므로 자근묘(삽목묘)를 사용해도 재배에 특별한 문제가 없었기 때문이다. 그러나 19세기 중반 북미에서 번식된 포도 삽목묘에 토양 벌레의 일종인 필록세라(포도뿌리혹벌레,

Phylloxera vastrix Planchon)라는 벌레가 묻어 유럽으로 도입되면서 필록세라에 무방비 상태였던 대다수 유럽 품종의 삽목묘 이용이 불가능해졌다.

필록세라는 유충 및 성충 상태에서 포도나무의 뿌리와 잎을 침범하여 피해 부위에 혹을 만들어 수세를 쇠약하게 만들고, 2차적으로 상처부위를 통해 병원균을 감염시켜 포도나무를 고사시키는 무서운 해충으로 필록세라가 유럽 전역에 전파되면서 유럽의 포도재배는 고사 직전에 이르게 되었다. 특히 유럽종(*Vitis vinifera*) 포도는 필록세라에 대한 저항력이 거의 없어 피해가 더욱 확산되었다. 그 해결책을 모색하던 중 미국의 야생 포도에서 필록세라에 저항성이 큰 종을 발견하게 되었고, 이를 유럽종 포도의 대목으로 접목하여 재배한 결과 필록세라의 피해로부터 벗어나 유럽의 포도 산업을 다시 일으킬 수 있었다.

필록세라는 건조하고 온난한 지역에서 유럽종(*Vitis vinifera*) 포도에서 많이 발생하는데, 우리나라의 기후는 여름에 비가 많고 겨울은 추우며, 재배되는 주요 품종이 미국종(*Vitis labursca*) 포도의 형질이 많이 섞인 캠벨얼리 품종으로 뿌리혹벌레에 대한 걱정 없이 삽목묘를 사용하여 재배할 수 있었다.

그러나 1912~1913년 부산에서 처음으로 필록세라가 보고된 이후, 1998년 천안 지역에서 유럽종 포도와 유사한 거봉 포도 재배지에서 일부 피해가 발생하였다. 앞으로 고품질 유럽종 포도를 직접 재배하거나 유럽종 포도를 교배 모본으로 사용한 교잡종 재배가 늘어날 전망이어서 우리나라의 필록세라 위험도는 점차 높아질 것이다.

포도에서 대목을 사용하는 첫 번째 이유는 필록세라에 대한 해충 피해를 방지하는 것이지만, 대목의 종류에 따라 필록세라 저항성에 약간의 차이가 있고, 토양이 가진 수분 정도에 따라 내습성과 내건성 등 불량환경에 대한 반응이 각기 다르다. 또한 접붙인 품종을 작게 또는 크게 만들어 주거나 숙기를 조절하는 등의 실험을 통해 부가적인 특성이 보고되면서, 이런 부가적인 특성을 이용하기 위한 접수 품종과 대목의 관계에 대한 연구를 진행하고 있다.

우리나라의 경우 대목의 이용은 첫째, 필록세라의 위험성을 줄이고, 둘째, 조기가온하는 시설재배에서 포도나무의 안정적인 생육 등의 목적에 맞는 대목을 선택하여 사용할 필요가 있다.

그러나 무엇보다도 대목의 사용 목적은 필록세라에 대한 피해를 받지 않기 위함이고, 부가적으로는 대목 간의 미세한 생리적 차이를 이용하자는 것이다. 따라서 대목 간 생리적인 차이가 큰 대목끼리 비교하면 차이가 나타날 수 있으나 비슷한 정도의 대목을 사용하면 두 대목 간의 생리적인 차이가 적으므로 대목 사용으로 생리장해와 같은 복잡한 문제를 해결하기는 어렵다.

▨ 대목 기본종의 특성

포도 재배에 사용되는 대목은 필록세라 저항성이 강한 강변 포도(*V. riparia*), 사막 포도(*V. rupestris*), 겨울 포도(*V. berlandieri*) 등을

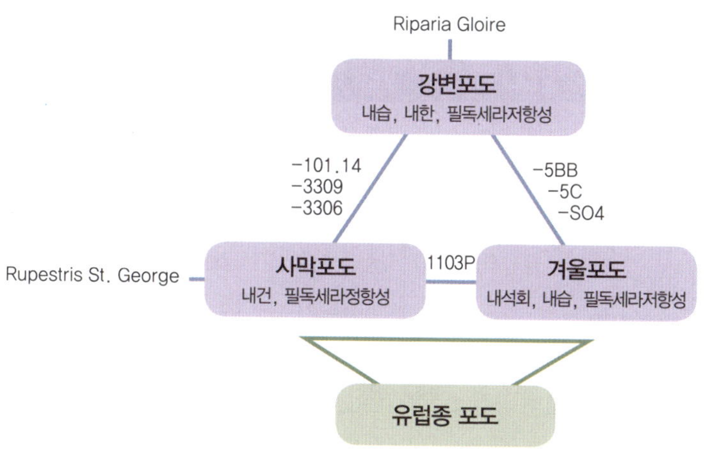

〈그림 11-1〉 포도 대목 육성 계통도

기본종으로 해서 이들을 교배하여 육성하였고〈그림 11-1〉, 이들 기본 종의 특성은 다음과 같다(표 11-1).

(1) 강변 포도(*Vitis riparia*, 河岸葡萄)

카나다와 미국의 대서양변부터 로키산맥까지 널리 분포되어 있는 자웅이주 포도로 품질이 낮아 식용에는 적합하지 않지만, 내한성이 매우 강하여 -30℃까지도 견딜 수 있다. 흰가루병과 노균병에 강하고, 뿌리는 뿌리혹벌레 저항성은 아주 강하나 잎은 뿌리혹벌레에 약하다. 미국종 포도 중 성숙기가 가장 빠르고, 뿌리가 쉽게 나며 접수와 잘 접목되고, 석회질이 많은 알칼리성 토양에서 생육이 부진하다.

대목종류	기원종	뿌리혹벌레	건조	과습	접수생장	토양범위	기타
Riparia Gloire	riparia	강	약	약	약중	배수가 좋은곳	성숙이 빨라짐
St. George	rupestris	강	약중	약중	강	토양이 깊은곳	바이러스에 내성을 가지고 있음
SO4	berlandieri x riparia	강	약중	중강	약중	습기가 있고 점토질	서늘한 지역에 적합
5BB	berlandieri x riparia	강	중	약중	중	습기가 있고 점토질	역병에 약하고, 생장이 왕성한 접수품종에 좋음
5C	berlandieri x riparia	강	약	약중	약중	습기가 있고 점토질	
420A	berlandieri x riparia	강	중	약	약	비옥한 곳	
99R	berlandieri x riparia	강	중강	약중	중강	산성토양에 적합	접수품종의 생장이 느려짐
110R	berlandieri x riparia	강	강	약	중	산성토양에 적합	습기가 많은 곳에서는 접수품종의 생장이 느려짐
140R	berlandieri x riparia	강	강	중강	강	건조지역에 적합	관수가 없으면 품질이 저하됨
1103P	berlandieri x riparia	강	중강	약중	중강	건조지역에 적합	
3309C	riparia x rupestris	강	약중	중	약중	토양이 깊은곳	바이러스와 겨울철 동해에 저항성
101-14	riparia x rupestris	강	약중	중	중	습기가 있고 점토질	
Schwarz mann	riparia x rupestris	강	중		중	습기가 있고 점토질	

(2) 사막 포도(돌밭 포도, *Vitis rupestris*, 沙地葡萄)

　미국 일리노이주, 텍사스주, 뉴멕시코주 등 남중부지방에서 자생하는 포도로 자웅이주이고, 맛은 싱거우며 풀냄새가 난다. 뿌리는 뿌리혹벌레에 아주 강하나 잎은 뿌리혹벌레에 약하고, 석회질 토양에 약하며 흰가루병과 노균병에는 강하다. 모래나 돌이 많은 건조한 땅에서 잘 자라고, 삽목 시 뿌리가 잘 나오고 접목이 잘 된다.

(3) 겨울 포도(*Vitis berlandieri*, 冬葡萄)

미국 남쪽 텍사스주와 멕시코 북부지역에 분포하는 포도로 자웅이주이다. 신맛은 강하지만, 과즙이 많고, 뿌리는 뿌리혹벌레에 아주 강하며 잎은 아주 드물게 감염되기도 한다. 석회질 토양에 대한 적응성이 아주 높고 내습성도 강하지만, 내한성이 약하고 뿌리의 발생은 좋지 않다.

2. 번식 방법

1 삽목 번식

포도는 다른 과종에 비하여 뿌리가 잘 발생하므로 주로 휴면지를 토양에 꽂아 삽목으로 번식한다. 일반적으로 휴면지를 이용하여 노지 경지삽목을 하지만 상황에 따라서는 전열기 부착 삽목상에서 뿌리를 먼저 발생시킨 다음 이용하거나 당해 연도 생장 중인 새가지를 미스트 시설에 넣어 녹지삽목을 하기도 한다.

(1) 삽목상에서 휴면지 삽목

① 삽수 조제

포도나무가 겨울철 휴면기에 들어갔을 때 충실히 자란 일년생 가지(휴면지)를 채취한다. 도장하여 마디 사이가 길거나, 병해충 피해로 조기낙엽된 나무의 가지는 삽목할 때 뿌리가 잘 발생하지 않으므로 사용하지 않는다. 휴면지는 마르지 않도록 비닐에 밀봉하여 5℃ 정도 되는 저장고에 보관하거나, 물이 차지 않는 곳에 얼지 않도록 묻어 보관한다. 삽수는 눈이 3개 포함되도록 자르는데, 상부의 첫 번째 눈 위로 2㎝ 이상에서 수평으로 자르고, 중간 눈과 하부 눈은 전정가위로 제거한다〈그림 11-2〉. 이때 하부 눈은 마디를 눈 쪽으로 비스듬히 잘라 뿌리가 많이 발생하도록 해 준다. 머스캇베일리에이(MBA) 품종과 같이 삽목할 때 뿌리 발생이 좋지 않은 품종은 삽목하기 전에 만들어 놓은 삽수의 아래쪽을 2~3일 정도

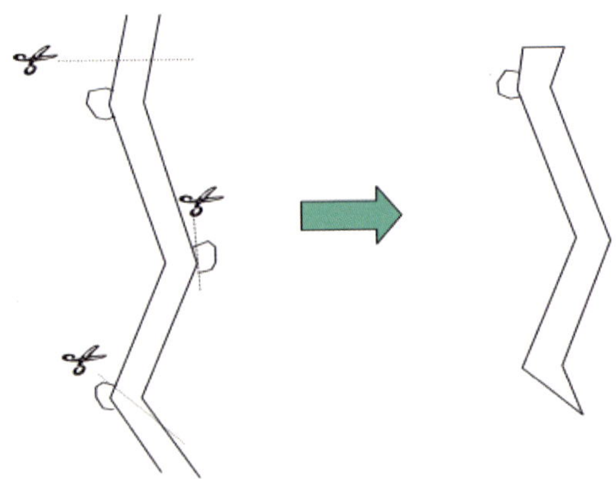

〈그림 11-2〉 포도나무의 삽수 조제

물에 담가 두거나 발근제에 5초 정도 담근 후 처리하여 뿌리가 많이 생기도록 한다.

② 삽목상의 설치 및 삽목

삽목상은 그늘지지 않은 사질양토를 택하여 완숙퇴비, 석회, 요소, 용성인비 및 염화칼륨를 살포한 후 곱게 로터리를 치고, 폭 1m 정도의 두둑을 만들어 흑색비닐로 멀칭을 한다. 멀칭 전에 토양수분이 부족하면 관수한 후 멀칭을 한다. 준비된 삽수는 약 90° 각도로 상부 눈만 남기고 꽂은 다음 그 위에 얇게 흙을 덮어 준다.

삽목시기는 지온 상승과 늦서리 피해를 감안하여 중부지방에서는 4월 상순이 적당하다. 삽목한 다음 눈에서 새가지가 나와 자라면 지주를 세워 흔들리지 않도록 묶어 주고, 옆에서 나중에 발생하는 새가지는 제거하여 1개의 새가지만 키우고, 갈색무늬병 등 병 방제를 위해 살균제를 3~4회 뿌려 준다.

(2) 전열상에서 휴면지 삽목

노지 삽목으로 번식이 어려운 품종을 번식하거나 대량으로 증식하기 위해 전열상 삽목을 한다. 전열상은 삽목상 바닥에 전열선을 설치하여 온도 조절이 가능하도록 한 삽목상으로 삽수 조제는 삽목상 휴면지 삽목과 동일하게 한다. 그러나 대량 증식을 위해서 1개의 눈을 사용하여 묘목을 만드는 경우 휴면지 삽수의 길이가 너무 짧으면 묘목이 약해질 수 있으므로 주의한다.

삽목시기는 노지 삽목보다 1~2개월 앞선 2~3월에 휴면지를 전열상에 삽목한다. 전열상에 삽목하면 발근 부위의 온도는 높으나 눈의 온도는 낮아, 눈의 발아보다 뿌리가 먼저 발생하므로 뿌리가 충실해져 같은 숫자의 삽목상 삽목보다 묘목을 더 많이 키울 수 있다. 따라서 전열 삽목상은 삽목할 때 눈의 온도는 낮게 유지할 수 있고, 발근·발아 후 노지로 이식할 때 냉해를 받지 않는 시기에 한다.

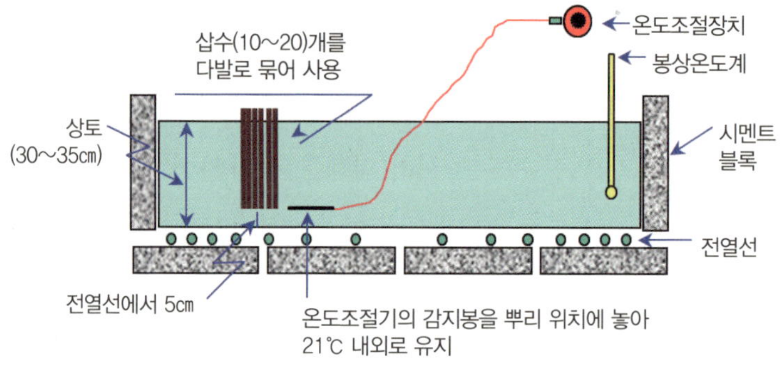

〈그림 11-3〉 전열 삽목상 설치도

　전열 삽목상은 공기 유통이 잘 되도록 측면은 틔우고 지붕만 햇빛과 비를 막도록 씌운 하우스에 설치한다. 전열선을 겹쳐지지 않도록 바닥에 설치하고 온도 조절기에 연결한다. 이때 양쪽 가장자리에는 가운데보다 촘촘히 늘이도록 한다. 그 위에 상토로 질석을 20㎝ 정도 두께로 깔고 물이 흘러내리지 않을 정도로 물을 주고 삽목을 한다. 온도 조절기의 온도 감지봉은 삽수의 뿌리 발생 위치에 설치하며 온도는 20℃를 유지하도록 조절한다.

　삽수에서 잎이 나와 증산작용을 하여 상토가 마를 때까지는 일

절 관수를 하지 않는다. 5월경 잎이 3~4매 나오면 며칠간 삽목상
의 온도를 내려서 옮겨 심는데 충격을 덜 받도록 묘포장에 이식하며,
초기 5일 정도는 차광을 해 주어 이식장해를 최대한 줄인 후 일반관
리에 준하여 관리한다.

(3) 녹지 삽목

생육기간 중에 귀중한 품종을 대량으로 증식하고자 할 때 미스
트 온실에서 당해 연도 새가지를 삽목하여 번식할 수 있다. 8월경
신초가 약간 경화되었을 때 실시하는 것이 좋으며, 삽수는 휴면지
과 같은 요령으로 만들지만 상부 마디의 잎을 작은 잎이면 1장, 큰
잎인 경우 1/3만 남기고 잘라낸다. 이때는 여름철이기 때문에 시설
안이 고온이므로 차광시설을 하고, 미스트를 주기적으로 뿌려서 잎
과 펄라이트가 마르지 않도록 하고, 통기에 유의해야 한다. 삽목용
상토는 농용질석 또는 펄라이트를 단·혼용이 적당하다.

■2 접목 번식

우리나라에서 포도는 지금까지 삽목에 의한 자근묘를 주로 재배
해 왔고, 지금까지 크게 문제되지 않았던 뿌리혹벌레 등 토양 병해
충과 가온재배 시 수세저하 등으로 대목을 이용한 접목묘 재배가
시설재배 농가에서 늘어나고 있다. 일반적으로 포도를 접목할 때에
는 가지 또는 눈을 사용하며, 가지는 새가지 또는 휴면지를 사용
한다.

(1) 새가지

새가지는 접목하기가 쉽고 접목 성공률이 높아 농가에서 자가 사용 목적으로 접목묘를 양성할 때 사용할 수 있다. 하지만 상업적으로 대량생산하려면 접목할 때 시간이 많이 필요하고 기계화가 어려워 적합하지 않다.

대목이 심겨 있는 묘포장에서 대목 생육기에 새가지를 접목하는 것인데 접수인 새가지도 생육상태이므로 대목에서 수액이 올라오는 힘이 약하면 접목 후 접수가 먼저 고사하므로 대목 생육이 왕성해야 한다. 따라서 당해 연도에 대목을 삽목한 후 접목하려면 대목의 뿌리가 완전히 활착한 다음 접목하는 것이 좋다.

대목 상태가 불량하면 한 해 더 키운 다음 접목하면 접목묘를 더 많이 얻을 수 있다. 접목시기는 5~7월이 적기이지만, 온도가 낮으면 접목이 잘 되지 않으므로 기온이 25℃ 이상일 때 접목하는 것이 좋다.

새가지를 사용하는 경우 대목 굵기와 비슷한 가지를 잘라서 즉시 잎자루 1~2㎝만 남기고 잎을 잘라낸 후 물에 꽂아 마르는 것을 방지한다.

접목방법은 대목의 접목부위를 정한 후 윗부분을 잘라내고 절단면의 가운데를 2㎝ 정도 아래로 자른 후, 미리 뾰족한 모양으로 깎아놓은 접수를 끼워 넣는다. 이때 접수와 대목의 굵기가 같으면 양쪽의 부름켜를 다 맞출 수 있으나, 그렇지 못할 경우는 한쪽의 부름켜만 맞춘다〈그림 11-4〉.

　접목 후 비닐 접목테이프나 파라핀 접목테이프를 사용하여 아래에서 위쪽으로 감아 준다. 성공적으로 활착되어 접수에서 새가지가 생육하면 대목쪽에서 나오는 새가지는 모두 제거하여 접수 부위로 양분이 전달되도록 해야 한다.

〈그림 11-4〉 녹지 접목 모습

① 대목의 마디 사이를 수평으로 절단. ② 2㎝ 정도 수직으로 자름. ③ 접수 하단을 쐐기 모양으로 만들어 형성층을 맞추어 끼우고 접목테이프로 감아줌. ④ 접목이 완료된 후 접수 끝에 수액이 맺혀 있음. ⑤ 접목이 활착되어 건전하게 자라는 모습

XII.
수확 후 관리

포도는 품종 고유의 색깔과 향기를 나타내고 당도가 충분히 축적된 때 수확하여 선별 포장해 출하하여야 한다. 포도의 성숙시기의 판단기준은 만개 후 성숙일수, 착색기간, 당도 등을 종합하여 수확시기를 결정하는 것이 좋으며, 수확작업은 이른 아침부터 시작하여, 수확한 과실은 한랭 등으로 그늘이 지게 하여 품온이 상승하는 것을 최대한 억제한다.

수확작업 동안에는 작은 충격에도 탈립이 생길 우려가 있으므로, 과실이 다치지 않도록 매우 부드럽게 취급해야 한다. 포도는 주로 과피의 착색이 약 90% 진행된 과실을 수확하여 출하하고 있으며, 과피색상의 변화 조직의 연화와 함께 과실이 익었는지 안 익었는지를 결정하는 소비자의 중요한 구매기준이 된다.

 포도 품종별 수확적기 판단기준

품종	당도(°Bx)	만개 후 성숙일수(일)
캠벨얼리	14	78~80
거 봉	17	90~95
머스캣베일리에이	18	110~120

2. 수확시기 및 방법 

적포도 품종에 있어서는 색깔이 주요 판정 지표로서 과방에 착립된 전체 과립이 완전히 착색된 후, 맑은 날을 선택하되 온도가 높은 낮 시간을 피하고 저녁 때나 아침에 수확한다. 낮의 높은 온도 때 수확하면 과실의 온도가 높아 호흡량이 많고, 무게가 감소하여 수송을 견디기가 힘들다. 비가 올 때는 수확을 삼가야 하는데 이때 수확하면 당 함량이 1~2°Bx 정도 낮아지고 수송 도중 열과가 되거나 썩기 쉽다.

성숙한 송이부터 수확을 시작하여 한 나무에서 3~5차례 나누어서 수확해야 하며 생식용 포도를 수확할 때 주의할 점은 수확 시 송이 전체를 잘 관찰해서(특히 윗부분, 아랫부분)성숙된 송이만을 수확해야 한다. 숙달되지 않은 사람은 미숙된 송이를 수확하기가 쉽다.

수확할 때 포도송이를 잘못 다루면 포도알이나 과분이 떨어져 상품가치가 저하되므로, 송이의 아랫부분을 받치듯이 잡고 송이자루를 가지의 가까운 부분에서 적과가위나 전정가위로 절단하여 수확용 상자에 담는다. 수확용 상자는 일반적으로 나무상자나 플래스틱상자를 이용하는데 지나치게 겹쳐 담으면 송이가 상하거나 탈립될 염려가 많으므로 대체로 2~3층 정도가 알맞다. 송이가 약하고 탈립되기 쉬운 품종은 이보다 덜 포개어 담는 것이 좋다.

표 12-2 포도 주요 품종의 수확 적기(중부 지방 표준)

품종	수확적기	품종	수확적기
쉴러	8월 상순	거봉	9월 중순
캠벨얼리	8월 하순, 하순	다노레드	9월 하순, 10월 상순
델라웨어(노지)	9월 상순	머스캇베일리에이	10월 상순
스튜벤	9월 중순	셰리단	10월 상순, 중순

　포도의 수확은 오전에 마치는 것이 품질 유지에 효과적이며 수확한 후 그늘진 곳에 모은 후 선별하여 포장한다. 비가 내린 다음날 바로 수확한 과실은 수송 및 유통 시 열과 및 부패가 생기기 쉽고 당 함량도 떨어지므로 비가 온 후 2~3일 지나 수확하는 것이 좋다.

　수확한 포도를 장시간 방치하였다가 저장하면 과실의 줄기가 마르고 열배꼭지가 굳어져서 저장하는 동안에 알이 떨어지는 탈립현상이 심해진다. 또한 수확 시 부주의로 열매꼭지에 상처가 생기면 저장 중 탈립과 곰팡이 발생의 원인이 되므로 적과가위를 사용할 때 과립이나 과립경을 다치지 않도록 한다.

■1 수확 후 품질 저하 요인 및 대책

포도는 수확 후에도 살아있는 유기체로 생존에 필요한 에너지를 얻기 위하여 축적된 양분을 호흡을 통해 분해하는 대사를 계속하며, 동시에 보유하고 있던 수분을 증산작용으로 배출함에 따라 시들음이 발생하여 품질 저하의 원인이 되고 있다.

저장 및 유통과정 중에는 압상이나 눌림 등에 의한 열과 부위를 통하여 부패균의 오염이 쉽게 확산되며, 저장 기간의 경과에 따라 탈립이 되는 문제점이 있다. 이러한 품질 저하를 최소화할 수 있는 저장 및 유통방법의 도입이 시급하며, 또한 저장 및 유통중 품질 변화를 예측할 수 있는 시스템의 도입도 필요하다.

포도는 비호흡 급등형 과실, 즉 수확 후 호흡 및 에틸렌 발생이 미미하며, 수확후 저장 및 유통단계에서 과실이 성숙되는 현상이 적은 과실로 분류된다.

포도의 저장성은 품종에 따라 차이가 있으며, 대표적인 캠벨얼리의 경우 기존에는 한 달 이상 장기저장이 어려웠지만, 예냉, MAP 및 이산화염소 또는 유황패드 처리 등 부패 방지기술의 도입, 저온저장 및 저온 유통으로 부패균 억제, 탈립 억제, 시들음 감소 등의 효과로 2~3개월 동안 신선하게 유지할 수 있다.

2 전처리

(1) 예랭

포도는 수확후 급격히 수분 손실을 보여 과방경과 과경이 갈색으로 마르고 과립은 위축증상을 보이며 저장 기간에 길어지면 탈립현상을 보인다. 따라서 포도는 수확 후 가능한 한 빠른 시간 내에 온도를 낮추어 주어야 한다.

수확하여 적정온도(4~5℃)로 예랭하며 예랭상자를 이용할 경우 강제통풍식으로 4~6시간, 또는 차압통풍식으로 1~2시간 예랭 시 과실 품온이 30℃에서 4~5℃로 떨어지는 것이 적합하다. 강제통풍식은 저장고 용적의 70%, 차압통풍식은 공기흡입구 용적에 맞춘다. 예냉 후 과실 품온과 작업장의 온도 편차가 7~10℃(상대습도 60~70%일 때)를 넘지 않도록 관리해야 하는 것이 중요하다.

포도 표면에 물방울이 있을 경우 회색곰팡이균에 의해 부패가 발생하므로 주로 강제통풍 냉각식을 이용한다. 수확 후 바로 시장에 상온으로 출하할 경우에는 예랭 설정 온도를 높여서 외기와 온도차가 10℃ 이상 나지 않도록 조절해야 출하 시 과립에 결로 현상이 생기지 않는다.

예랭 뒤 상온에 노출 시 결로현상으로 인한 상품성 손상위험이 발생하므로 온도유지에 온도관리가 중요하고, 결로 형성은 대기 중 상대습도에 따라 대기 상대습도가 60~70%인 경우 10~15℃를 넘는 온도 범위에서 발생하므로 예랭이나 저장 이후 품온이 낮아진 상태에서 바로 상온에 노출되지 않도록 주의한다.

〈그림 12-1〉 강제 통풍식(좌)과 차압예랭(우)

(2) 부패 방지를 위한 처리 : 아황산가스 또는 이산화염소

수확후 포도 과립의 품온을 낮추어 호흡 속도를 늦추고 병원균의 확산을 막는 방법과 더불어 대표적인 부패방지 방법으로 아황산가스나 이산화염소를 처리하는 방법이 있다. 두 방법 모두 처리 후 직접 흡입 시 호흡기 등에 유해할 수 있으므로, 처리 후에는 환기 및 제거장비를 이용하여 제거한 후에 작업에 들어가야 한다.

〈유황패드〉

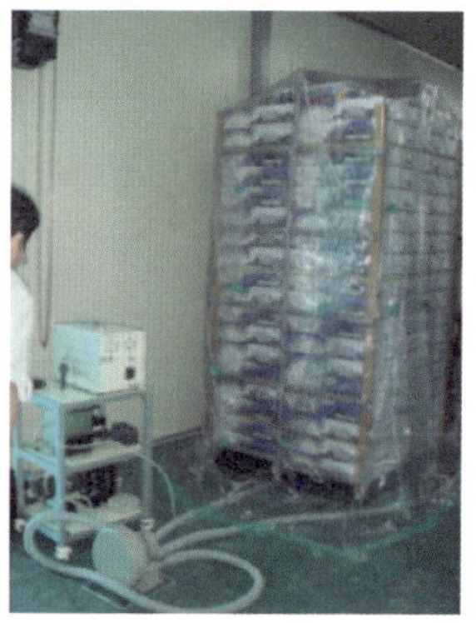

〈이산화염소 처리〉

〈그림 12-2〉 부패 방지 처리

① 아황산가스 처리 방법

- SO_2 가스를 이용한 flow system 활용 : 장비 및 가스 가격이 높음

- SO_2 가스의 지속적인 발생제 이용 : 포장 내에 발생제를 넣어 유통 및 저장하는 방법으로 주로 sodium bisulfite를 사용하며, 이 화학물질이 저장 중 수분과 만나 SO_2 가스를 발생시킨다. 패드 상태로 개발되어 있어 사용하기에 매우 편리하다.

- 유황을 직접 태워서 SO_2 가스를 발생시키는 방법 : $5 \sim 10g/㎥$

- Sulfite의 잔류 허용치(미국) : 10ppm 이하로 규정

  국내 식품첨가물 규정 : 300m 이하

- Sulfite의 반감기 : $3 \sim 4$시간이면 1/2수준, 12시간 경과 시 1/4 수준임

- 아황산 처리에 따른 문제점 : 과다 처리에 의해 과피 색깔의 탈색, 줄기의 갈색화, 수분 감소, 이취 등 포도 품질 변화 및 잔류량 등이 있으므로 적정 처리 농도를 준수하도록 한다.

② 이산화 염소

- 설비 : 25% $NaClO_2$ 용액을 전기 분해 또는 ClO^-를 고형화하여 물에 녹여 ClO_2를 발생시키는 발생장치가 국내에 개발되어 있음

- 처리조건 : 2ppm(약 70ppmV)의 ClO_2를 15분 처리 후 30분 유지

- 처리시기 : 저온저장고 반입 직후 또는 수출 전 선별 후부터 선적 전

- 잔류성 문제 : 햇볕에 노출 시 $1 \sim 2$분 이내에 Cl_2와 O_2로 분해되기 때문에 안전하며, 어두운 곳에서는 며칠 경과 시 분해된다.

- 이산화염소 처리 시 유의사항 : 과다 농도와 시간으로 처리 시 과피 조직이 약해지면서 과육 내부의 용액이 밖으로 빠져나와 과즙이 미세하게 흐르는

표 12-3 켐벨얼리의 유황훈증 처리에 의한 부패율 경감 및 SO_2 잔류량

처리	부패율(%)			SO_2 잔류량(mg/kg 생체중)		
	저장 4주	저장 6주	저장 8주	처리직후	저장 2주	저장 4주
무처리	5.0	7.5	10.0	1.10	기존	기존
유황훈증($10g/m^3$)	0.0	0.5	1.8	2.09	1.68	1.12

〈이산화염소〉 〈유황패드〉 〈이산화염소
+유황패드〉

〈이산화염소〉 〈유황패드〉 〈이산화염소
+유황패드〉

〈그림 12-3〉 부패 방지 처리에 따른 선도 유지 효과(0℃, 2%유공 PE 0.03mm 포장)

〈고농도 유황 농도에서 탈색〉

〈고농도 이산화염소 처리 시 조직 약화 및 누출〉

〈그림 12-4〉 부패 방지를 위한 훈증처리 시 고농도 장해과 발생

증상이 있으므로 농도 및 처리 시간을 준수하여야 한다.

③ 기타 부패방지 방법

- 과산화수소수(H_2O_2), 아세트알데하이드, 일산화탄소 등이 효과가 있는 것으로 보고되어 있지만 실용화에 어려움이 있다.

■3 탈립 억제를 위한 처리

과숙한 포도는 탈립의 우려가 높으며 특히, 거봉과 캠벨얼리는 수확 후 저장 및 유통 중 탈립 발생률이 높다.

포도의 탈립의 원인에는 두 가지가 있다. 먼저 에틸렌이 탈리층의 형성을 촉진하여 포도 과립이 생리적으로 떨어지도록 작용한다. 병원균에 감염된 포도에서는 더 많이 에틸렌이 발생하므로 탈립도 빨라진다. 두 번째는 송이축의 시들음 및 경화에 의해 탈립이 일어날 수도 있다.

방지 방법으로는 2% 유공 PE 0.03㎜ 필름으로 속포장하여 증산을 억제하는 것이 필수적이며, 더불어 칼슘 또는 영양물질 처리, 아황산가스나 이산화염소 가스 처리, 에틸렌을 제거하는 방법 등을 복합적으로 처리하는 것이 좋다.

① 칼슘 처리 : 5% $CaCl_2$ 용액을 15일 간격으로 분무하여 탈리층의 발달을 저해한다. 칼슘은 세포벽의 구성성분인 펙틴과 결합하여 세포벽을 견고하게 하여 탈립을 억제한다.

② 아황산가스, 이산화염소 처리 : 부패 방지와 더불어 복합적인 요인에 의

해 탈립이 억제된다

③ 영양물질 처리 : 설탕용액을 함유한 팁을 제작하여 포도 과경에 처리함
으로써 과경의 건조 방지 및 영양원을 공급하여 탈립을 방지하는 방법
이다.

4. 포장 

수확한 포도는 상품기준에 따라 선별 작업을 하는 동시에 송이별
로 종이에 싼 후 상자에 담는다. 포장 종이는 상품의 격을 높이기 위
해 흰색의 유산지를 사용하는데 많은 경우 재배 시 사용한 과방봉
지를 그대로 이용하기도 한다. 송이별 종이 포장은 외관의 향상은
물론 수송 중 진동을 흡수하여 압상과 탈립을 줄이는 완충제 역할
을 한다.

시장 출하는 2kg, 5kg, 10kg 단위로 유통되고 있으며, 포장
상자는 크게 골판지 상자와 스티로폼 상자로 구분된다. 골판지
상자는 윗면을 덮어 밀폐하는 대신 옆면에 환기용 구멍을 뚫어 여
름철 유통 과정 중 상자 내 온도 상승에 의한 품질 저하를 방지하
고 있다.

외국의 경우 완충형 주름 종이 상자나 투명 필름 부착형 종이 상
자 등 포장 단위에 따라 다양한 소재를 이용한다. 국내에서도 선물

용 상자들은 점차 다양해져서 거봉 품종의 경우 2kg, 5kg 등 작은 단위로 유통되며 포장 용기도 골판지 상자 등 여러 가지 소재가 사용된다.

포장 박스에는 품목, 품종명, 산지, 등급, 크기 구분, 생산자 성명, 생산자 주소, 전화번호, 중량이 기록되어야 하며, 당도 표기는 2009년부터 권장사항으로 변경되어 의무적으로 기입할 필요는 없다.

5. 포도의 저장 방법 

포도의 최적 저장 조건은 포도가 얼지 않는 한 가장 낮은 온도에서 보관하는 것이다. 포도 과립은 -2℃에서도 얼지 않으나 과경, 과방경, 당함량이 낮은 과립은 때로 경미한 동해를 입을 우려가 있다.

주의해야 할 사항은 저장고 내부의 위치에 따라 온습도 차이가 발생하며, 또 저장고 내부의 실제 온도와 온도 센서를 통하여 전달되는 컨트롤 패널의 온도조절장치 간에도 편차가 존재한다는 것이다. 이러한 편차를 고려하여 저장고의 보통, 저장 온도는 0℃, 상대습도는 95%를 권장하고 있다. 유럽계 포도는 -1℃, 미국계 포도는 -0.5~1℃에 저장한다.

저장고의 조건으로는 저장고 내부의 위치별 온도편차가 ± 1℃이내로 유지되며 밀폐도가 높은 저장고가 온도와 습도 유지에 좋다.

적재시에는 저장고 바닥에 팰릿을 깔고 중앙통로 및 측면에 공간을 확보하고, 저장고 내 냉각기 높이 이하로 적재한다. 가장 윗상자는 냉각기의 찬바람에 노출되므로 코팅종이 또는 PE필름으로 덮는다. 장기저장에는 주기적인 품질확인이 필요하고 에틸렌 축적을 피하기 위해 환기가 필요하다.

포도는 수분손실에 의해 시들음이 발생하면서 동시에 열과와 탈립도 진행되므로, 저장고 내 송풍속도를 낮추어 주거나, 유공 PE 0.03㎜ 필름으로 속포장 하여 저장 또는 팔렛트 단위로 유공이 있는 필름으로 덮어 놓는 것이 좋다.

포도는 특성상 당이 많고 열과가 잘 되므로 병이 쉽게 번식하여 저장에 큰 어려움이 있으므로 반드시 철저한 선별을 하고 열과된 과실은 저장하지 않는 것이 필수적이다. 저장 시 발생하는 곰팡이병 억제를 위해 수확직 후 이산화염소 훈증으로 포장에서부터 감염된 오염원을 제거하고, 이후 오존 및 자외선(UV) 발생장치를 설치하는 것도 곰팡이에 의한 부패 방지뿐 아니라 에틸렌 제거에도 효과적이다.

표 12-4 저장온도에 따른 포도 캠벨얼리의 호흡량 및 에틸렌 발생량

온도	호흡량(mL/kg/hr)		에틸렌 발생량(nL/g/hr)	
	수확후 5일	10일	수확후 5일	10일
20±2℃	13.9	13.5	흔적	흔적
0~2℃	5.6	5.5	−	−

산소농도 2~5%+이산화탄소 1~3%의 CA 저장하는 것이 선도유지 연장에 효과적이다. 저장 시 이산화탄소 농도가 15% 이상이 되면 갈색화 현상이 나타나므로 주의한다.

6. 출하 및 유통 

1 출하

포도의 경우 고온기 출하 시 신선도가 저하되므로 온도가 낮은 시간대 출하하는 것이 바람직하다. 또한 진동의 발생을 최소화하도록 적재 후 빈 공간에 완충 공기주머니를 넣는다. 적재 층수는 포장 박스의 단단함에 따라 달라지나 요즘은 보통 8~10층 정도를 적재한다.

수출 시에는 습기가 잘 스며들지 않는 포장재로 만든 상자를 이용하여 수출컨테이너 내부의 약 100% 습도에 잘 견디도록 해야 한다. 장기간 운송 시에 발생하는 곰팡이병을 억제하기 위해서는 포장 박스별 또는 판매용 소포장 용기별로 내부에 유황패드를 투입하여 일정한 농도의 아황산 가스가 지속적으로 발생하도록 한다.

2 수송

수송은 상온수송과 저온수송으로 구분할 수 있다. 수송 중 진동, 충격, 압축 등 물리적 장해를 줄이기 위한 안전한 운전방법과 지속적인 저온유지관리가 중요하며, 저온수송온도는 4~5℃, 상대습도는 95~100% 적합하다.

수출을 위해 장기간 운송 시에는 0℃ 선박용 컨테이너 내부 온도를 맞추는 것이 좋다. 결로방지를 위해 공판장 내 온도를 고려하여 10~15℃ 편차 범위 내에서 수송하거나 저온수송 시 하차 전 중간온도 설정변경이 필요하다.

XIII.
경영

---

1. 생산구조 

▨1 산지의 특성과 변화

　포도는 1980년대 초반 경제성장에 따른 고급농산물에 대한 수요 증가와 1990년대에 품질향상을 위한 생산자 노력에 의한 수요 증가에 힘입어 재배면적이 급증하였다. 그러나 1999년을 정점으로 다른 과일 및 과채류의 소비대체와 포도수입의 증가로 포도 재배면적은 감소하고 있다.

　1980년 포도 재배면적이 넓은 지역은 경북, 경기, 충남 순이었으며, 유통 여건이 좋은 경기, 충남은 생식용, 경북은 가공용이 주로 재배되었다. 이후 교통망이 발달되면서 토양, 기상 등 재배환경이 유리한 경북지역의 포도 재배면적이 크게 늘어나 2000년 2만 9,200ha 까지 증가하였으나, 점차 감소하다 최근에는 안정적이며 2015년 현재 약 1만 6,398ha이다.

표 13-1 | 지역별 포도재배면적의 변화

(단위 : ha)

지역	연도				
	1980	1990	2000	2010	2015
경기	1,585	2,400	3,757	2,513	2,292
강원	140	141	181	267	235
충북	729	2,008	4,543	2,324	2,596
충남	1,308	1,892	3,816	1,531	1,000
전북	373	359	1,668	924	1,021
전남	333	827	860	239	292
경북	2,594	6,319	13,414	7,548	8,069
경남	592	1,016	954	406	442
기타	0	0	7	832	401
계	7,654	14,962	29,200	16,584	16,398

2 경영규모의 변화

포도 재배농가는 1990년대 포도재배면적이 증가하면서 1990년 35천 호에서 2000년 50천 호로 크게 증가하였으나, 이후 포도재배면적이 감소하면서 2005년 38천 호로 2000년에 비해 24%가 감소하였다. 포도 호당 평균 재배면적은 1990년 0.31ha에서 1995년 0.42ha로 증가한 이후 큰 차이를 보이지 않고 있다.

농가당 포도 재배규모의 분포는 2010년의 경우 포도 전문경영이 가능한 1ha 이상의 농가는 7% 수준이며, 대부분이 복합경영 수준의 규모이고, 이 중 포도를 주 작목으로 재배하는 수준인 0.5~1.0ha 규모의 농가가 23%, 부 작목으로 재배하는 수준인 0.5ha 미만 규모의 농가가 70%로 전문적인 경영이 미흡하다. 호당 포도 재배규모가 작은 이유는 품종을 다양화하지 않는 현실에서 짧은 수확기간에 많은 노동력이 소요되어 규모 확대에 어려움이 있기 때문이다.

한편 포도 재배규모별 농가 수의 변화를 보면 90년대 상반기에는 1.0~1.5ha 규모의 농가 수가 가장 큰 비율로 증가하였고 90년대 하반기에는 1.5~2.0ha 규모의 농가 수가 가장 큰 비율로 증가하였으며, 2000년대 상반기에는 1.5~2.0ha 규모의 농가 수 감소율이 가장 작았다. 즉 현재 전반적인 포도 농업경영의 규모는 영세하지만 규모경제의 유리성으로 비교적 규모가 큰 전문경영의 비율은 증가할 것이다.

3 시장여건

(1) 출하시기

포도의 주 출하기는 8~10월이며, 이 시기에 출하되는 비율은 1986~1987년의 경우 92%로 대부분이 주 출하기에 출하되고 있었으나 1996~1998년에는 89%로 감소하고, 2006~2008년에는 69%로 크게 감소하였다.

1990년대에 포도 출하시기의 변화를 보면 성출하기가 8월에서 9월로 바뀌면서 8월 출하비율이 53%에서 28%로 크게 감소하고 9~10월의 출하비율은 크게 증가하였다. 이는 조생종 품종의 비율이 80%에서 67%로 감소한 이유도 있으나, 그동안의 조기출하를 위해 당도가 낮은 미숙과의 출하로 포도 수요가 위축된다는 문제 인식이 확산되면서 적기수확, 출하를 위한 농업인의 노력이 있었기 때문이다.

2000년대의 출하시기의 변화는 주 출하기의 출하비율이 크게 감소하고, 다른 시기의 출하비율이 증가하였다. 이는 시설재배 및 저온저장에 의한 출하시기 분산과 칠레산 포도의 수입이 증가하였기 때문이다.

칠레산 포도는 2000년 6,585톤에서 2014년 47,026톤으로 약 8배 증가였다. 우리나라 전체 수입량에서 약 80%를 차지하고 있다. 최근에는 페루에서도 수입량이 증가하고 있는 추세이다. 2015년 관세가 없어진 페루는 2016년부터 수입이 크게 증가할 것으로 예상되며, 작년에 관세가 없어진 칠레는 다양한 품종들이 수입될 것으로 보인다. 한편 미국과 호주는 각각 2016년과 2019년에 관세가 완전 철폐되고 이에 따라 포도 수입량이 급증할 것으로 예측되기 때문에 출하 시기를 다양화하여 틈새시장을 겨냥해야 할 것으로 판단된다.

표 13-2 우리나라 연도별 포도 수입량

(단위 : 톤)

수입국	연도				
	2000	2005	2010	2012	2014
칠레	6,585	11,173	30,894	46,597	47,026
미국	1,336	2,175	4,071	5,951	7,027
페루	–	–	–	1,644	5,207
전체수입량	7,021	13,353	34,963	54,192	59,260
수입금액 (천불)	12,662	23,616	84,127	138,685	189,523

*자료 : 한국무역협회, 관세청

(2) 포도가격

대표 품종인 캠벨얼리의 성출하기(8~9월) 가격은 1994년 이후 하락 혹은 정체를 보였다. 다시 2000년대 상반기에 상승추세를 보이다 하반기에는 하락하는 추세를 보이고 있다.

이는 포도재배면적이 1994년 이후 급증하다가 1999년을 정점으로 감소하였기 때문이며, 최근의 포도 가격하락은 수확기 강우에 따른 품질저하, 다른 과일의 소비대체 등으로 수요가 위축되었기 때문인 것으로 추정된다. 8월의 가격은 9월에 비해 과거에는 대체로 높은 경향을 보였으나, 2000년대 중반 이후에는 기상여건에 따라 차이가 있는 것으로 나타났다.

포도의 포장단위는 캠벨얼리의 경우 10kg에서 5kg, 2kg으로 바뀌고 있으며, 거봉의 경우도 4kg에서 2kg으로 바뀌고 있다. 이러한 포장단위의 변화는 kg당 경매가격의 차이에 의해 좌우되고 있는데, 캠벨얼리의 경우 2000년과 2001년 5kg포장의 kg당 가격은 10kg포장에 비해 41%, 81%가 높았고, 2004년부터 거래된 2kg포장의 kg당 가격은 5kg포장에 비해 14~42%가 높았다. 한편 거봉의 경우 2003~2007년 2kg 포장의 kg당 가격은 4kg포장에 비해 13%~89%가 높았다.

이러한 소포장화에 따른 경매가격의 제고는 소비자의 구매단위, 대형유통업체의 등장 등 유통환경이 변하였기 때문이다. 2012년 포도의 월별, 품종별 가격은 차이가 매우 크게 나타나고 있다. 월별 가격변동을 살펴보면, 주품종인 캠벨얼리의 경우 8월 기준으로

6월에는 2.9배, 7월에는 2.1배 수준으로 조기출하에 따른 가격제고 효과가 있었다. 7월의 조기출하에 의한 가격제고 효과는 해에 따라 차이는 있으나 1997년 이후 비슷한 수준을 유지하고 있으나, 6월의 조기출하의 가격제고 효과는 2002년 이전에 비해서는 축소되고 있으며 이는 포도 수입량과 조기출하를 위한 시설재배가 증가하였기 때문이다.

출하시기를 고려한 품종별 가격은 거봉, 델라웨어, 캠벨얼리, 머스캣베일리에이 순으로 높다. 주요 품종의 주출하기 가격의 변화를 살펴보면 거봉은 캠벨얼리에 비해 높은 해가 많으나, 해에 따라서는 낮은 경우도 있으며, 머스캣베일리에이의 경우도 캠벨얼리에 비해 높을 때가 많으나 차이는 크지 않다.

네오머스캣, 다노레드, 새단 등은 캠벨얼리 등 주요 품종에 비해 상대적으로 가격이 낮아지면서 재배면적이 감소하였다. 한편 델라웨어, 블랙올림피아 등은 상대적으로 높은 가격을 형성하였으나, 재배면적이 증가하지 못하는 것은 재배기술 및 유통부문의 문제인 것으로 판단된다.

또한 수입포도의 9~12월 가격이 상대적으로 높은데, 이는 일부 틈새시장을 겨냥한 소량의 수입에 의한 것으로 추정된다. 품질이 우수하나 재배면적이 적은 품종, 수입포도에 대응하고 틈새시장을 만족시킬 수 있는 품종 등 품종의 다양화가 필요하며 이를 위한 재배기술의 정립 및 차별화된 유통전략이 필요하다.

최근 자국민들의 해외여행이 증가함에 따라 현지에서 고당도의 포도를 직접 먹어볼 기회가 증가하고, 관세가 없어짐에 따라 수입이 급격히 증가할 것으로 생각된다. 국내소비자들의 씨없는 청포도 품종 선호도 증가하여 구매 또한 증가할 것으로 예상된다. 이에 따라 국내 재배농가들도 품종의 다변화로 '샤인마스캇' 품종의 재배면적이 증가하는 추세이다. 우리나라의 포도가격은 현재 수준에서 증가하기는 어려운 실정이기 때문에 과피색의 다양화 및 출하시기를 조절하여 경쟁력을 높여야 한다.

(3) 유통경로와 유통비용

포도의 대표적인 유통경로는 생산자→생산자단체→도매상→소매상→소비자의 유통경로이다. 다음으로 점유율이 높은 유통경로는 생산자→생산자단체→대형유통업체→소비자이며, 이외에도 다양한 유통경로로 거래되고 있다.

90년대 중반에 등장한 하나로마트, 이마트 중 대형유통업체의 시장점유율이 44%로 크게 증가하였으며, 최근 대형유통업체의 도매시장 구매 비율은 감소하고 산지로부터 구매하는 비율이 높아지고 있다. 대형유통업체를 통한 유통경로에서는 소비자의 수요가 바로 시장에 표출되어 생산과 유통이 소비자 지향적으로 전환될 것이며, 가격결정방식, 농산물의 산지처리방식 등에서 변화가 있을 것이다. 따라서 이러한 유통환경의 변화에 적응하기 위한 농가의 노력이 필요하다.

2011년 농수산물유통공사의 포도 유통마진 조사결과 kg당 소비자 구입가격 6,273원에 대하여 농가수취가격은 55.4%인 3,469원으

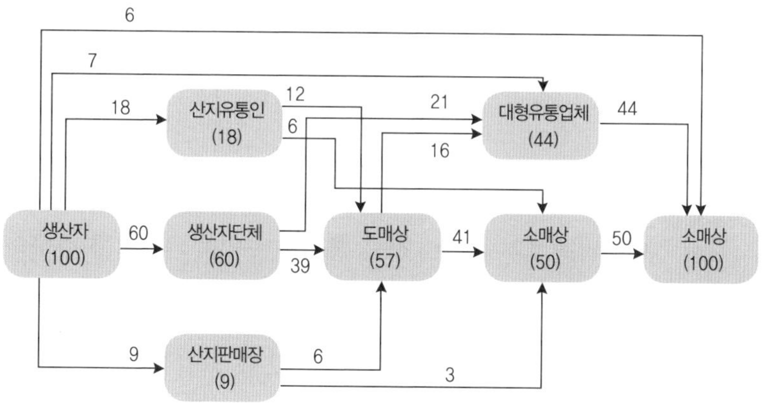

〈그림 13-1〉 포도 주요 산지의 포도 유통경로(2011)

로 유통마진은 44.6%인 것으로 나타났다. 유통마진 중 가장 큰 비중을 차지하는 유통단계는 소매단계로 유통마진의 60%를 점유하고 있다.

유통경로별 유통마진은 1990년대 후반에 등장한 '생산자(단체)→농협유통→하나로클럽→소비자'의 유통경로가 도매시장을 경유하는 유통경로에 비해 유통마진이 적어 농가 수취율이 높은 것으로 나타났으며, 이는 유통단계의 축소에 따른 도매단계의 유통비용이 절감되었기 때문이다.

유통경로별 가격은 농가수취가격의 경우 큰 차이가 없고, 소비자가격은 대형유통업체를 경유하는 유통경로에서 크게 낮아진 것으로 나타났다. 즉 대형유통업체를 통한 유통효율의 증진 효과가 생산자보다는 소비자에게 귀속되고 있다.

1 경영분석의 기초

모든 경영행위는 기본적으로 소득 혹은 순수익의 극대화를 추구하고 있으며, 농업경영에 있어서는 경영형태에 따라 전통적인 가족경영의 경우는 소득, 기업적 가족경영은 경영주 보수, 기업경영은 순수익의 극대화를 추구하고 있으며, 현재 우리 농가의 농업경영 목적은 소득 극대화에서 순수익 극대화로 이전되고 있는 과도기에 있다.

농업경영의 목적인 소득과 순수익의 내용을 살펴보면, 소득은 조수입(수량×단가+부산물가액)에서 외부로 지출한 비용인 경영비를 뺀 부분으로 경영활동을 통하여 농가에 남는 잉여이며, 이는 생산에 이용한 자가 노동, 자기자본, 자가 토지에 대한 대가와 경영활동의 이윤(순수익)이 포함된 혼합소득이다.

순수익은 조수입에서 경영비뿐만 아니라 생산에 이용한 자가 노동, 자기자본, 자가 토지에 대해서도 비용으로 계산하여 뺀 나머지 부분으로 서로 다른 경영여건에서의 경영활동 효율을 비교할 수 있다.

2 소득의 변화와 특성

포도의 10a당 소득은 2011년의 경우 노지 3,884천원, 시설 6,256천 원으로 벼농사의 7배, 11배의 높은 수준이다. 노지포도의

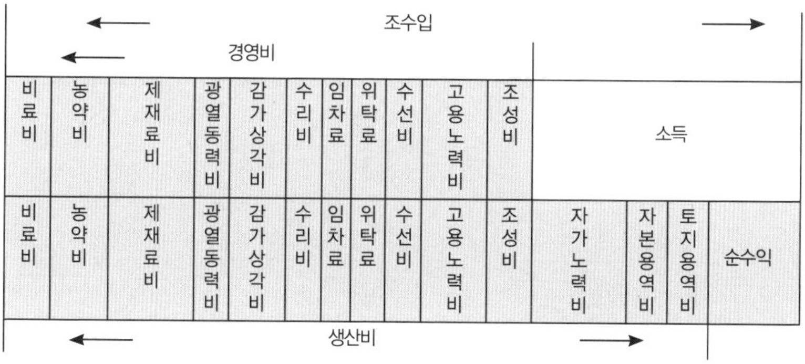

										조수입			
				← 경영비									→
비료비	농약비	제재료비	광열동력비	감가상각비	수리비	임차료	위탁료	수선비	고용노력비	조성비	소득		
비료비	농약비	제재료비	광열동력비	감가상각비	수리비	임차료	위탁료	수선비	고용노력비	조성비	자가노력비	자본용역비	토지용역비	순수익
	←					생산비						→	

〈그림 13-2〉 포도 소득과 순수익의 구성

소득은 1980년대 벼농사의 1.3~3.0배 수준이었으나 1990년대 상반기 농업인의 품질향상 노력으로 수요가 증가하면서 가격이 상승하여 증가하였다. 1990년대 하반기에는 재배면적 증가에 따른 가격하락으로 감소하였고 2000년대에는 재배면적 감소로 소득이 다시 증가하였다. 한편 시설포도의 소득은 초기에 높았으나 외환위기로 시설포도의 수요가 위축되며 낮아지고 이후 유가상승, 포도수입의 증가 등으로 경영여건이 나빠지면서 10a당 600만원 수준에서 정체되어 있다.

포도 생산비의 증가 폭이 큰 이유는 다른 과종에 비해 생력화가 어려워 품질관리 노력이 많이 소요되어 노동시간의 절감이 다른 작목에 비해 크지 않았기 때문이다. 노지포도 생산비의 증가를 유발하는 주요 비목은 기계화와 관련된 대농구상각비, 광열동력비와 유기질비료비, 조성비, 제재료비 등이다.

(2014년, 단위:원/10a)

구분		노지재배	시설재배
조수입	금액	5,490,330	10,004,523
	수량(kg)	1,706	1,780
	단가(원)	3,128	5,602
경영비	조성비	218,529	215,115
	무기질비료비	81,362	147,021
	유기질비료비	109,467	181,258
	농약비	85,690	79,818
	광열, 동력비	75,647	1,431,102
	제재료비	575,968	879,131
	소농구비	8,416	8,428
	대농구상각비	127,965	302,118
	영농시설상각비	167,927	974,596
	수선비	23,652	127,465
	임차료	47,093	38,282
	위탁영농비	5,966	–
	고용노력비	293,806	314,048
	기타	9,603	21,971
	계	1,831,779	5,919,791
소득		3,659,151	5,299,813
소득률(%)		66.6	53.0

*자료 : 농촌진흥청 2014, 농산물표준소득조사

 노지포도의 비목별 생산비 변화

(단위:원/10a)

구분	연도별 10a당 생산비		노지재배		대비(배)			
	1980(A)	1990(B)	2000(C)	2011(D)	D/A	B/A	C/B	D/C
조성비	22,967	37,801	72,862	277,702	12.1	1.6	1.9	3.8
무기질비료비	15,018	26,002	50,690	81,502	5.4	1.7	1.9	1.6
유기질비료비	13,231	39,230	71,014	121,417	9.2	3.0	1.8	1.7
농약비		43,781	74,182	60,104			1.7	0.8
광열동력비	2,106	5,813	21,161	63,565	30.2	2.8	3.6	3.0
제재료비	36,295	84,291	298,478	524,419	14.4	2.3	3.5	1.8
대농구상각비	4,859	20,232	119,374	158,266	32.6	4.2	5.9	1.3
영농시설 상각비	11,377	2,366	53,110	118,329	10.4	0.2	22.4	2.2
수선비	4,210	7,384	16,363	43,801	10.4	1.8	2.2	2.7
노력비	66,094	123,133	162,393	296,967	4.5	1.9	1.3	1.8
토지용역비			6,994	50,172				7.2
자본용역비			816	2,408				3.0
기타	18,481	14,579	11,475	5,702	0.3	0.8	0.8	0.5
계	194,701	404,612	958,912	1,804,354	9.3	2.1	2.4	1.9

기계화 관련 비용은 2008년 생산비의 50%를 점유한 노력비를 절감하기 위한 것으로 기계화, 생력화를 통하여 10a당 노동시간이 1980년 396시간에서 2008년 220시간으로 44%가 절감되었다. 유기질비료비, 조성비, 제재료비는 소비자의 고품질 선호도가 높아지면서 품질 및 상품성 향상을 위한 비가림재배의 확대, 초장재재의 고급화 등에 따라 증가되었다.

2014년 노지포도 생산비 중 점유율이 높은 비목은 제재료비

29%, 노력비 16%, 조성비 15%, 유기질비료비 7% 순이다. 규모와 10a당 생산비의 관계를 보면 전반적으로는 규모화를 통하여 절감이 가능한 것으로 나타났으며, 특히 노력비는 규모화를 통한 절감 가능성이 높은 비목이다.

한편 조수입과 10a당 생산비의 관계를 보면 조수입의 증대는 생산비의 증가를 유발하고 있으며, 특히 비가림시설 등의 영농 시설 상각비, 과일관리 등의 노력비, 포장재 등의 제재료비는 품질 및 상품성 향상을 위한 중요한 비목으로 조수입과 관계가 있다. 노력비는 절감의 여지가 많은 비목으로 규모화 등 절감방안의 모색이 필요하나 수량, 품질의 저하로 조수입 및 소득의 저하가 우려되므로 신중함이 요구된다.

3. 포도 경영 개선 

1 농업경영의 개선 방향

경영개선이란 기본적으로 소득(순수익)을 증대하기 위하여 기술혁신과 규모 확대로 생산량을 증대하고, 품질을 향상시켜 농가수취가격을 제고하여 조수입을 증대하며, 비용을 절감하는 방향으로 이루어져야 한다. 그러나 현실에서는 비용을 절감하기 위하여 퇴비시용량을 줄이면서 수량이 감소하고, 품질이 떨어지는 등 생산량 증대, 품질향상, 비용절감 등이 서로 상반되는 경우가 대부분이다.

따라서 합리적인 경영개선이란 이러한 상반된 상황에서 농가의 경영여건에 맞는 의사결정을 하고 이를 경영에 반영하는 작업으로 농가의 경영여건에 따라서 각기 다른 의사결정이 이루어질 수 있다.

② 적정생산에 의한 개선

노지포도 소득조사결과 포도의 10a당 수량이 많을수록 kg당 가격은 떨어지지만 조수입은 증가하고, 소득은 수량이 많을수록 증가하지만 일정수준 이상에서는 정체 혹은 감소되고 있다. 한편 조사농가의 75%는 10a당 수량이 2,000kg 미만으로 낮은 수준이다.

따라서 포도 농업경영의 경우 지나친 수량증대는 지양되어야 하나 일정수준의 수량성을 확보하는 것은 중요한 경영개선 과제이다. 노지포도는 수량성과 가격이 상반되는 경우가 많으므로 수량증대를 위한 기술을 선택할 때는 품질문제를 동시에 고려하여야 한다.

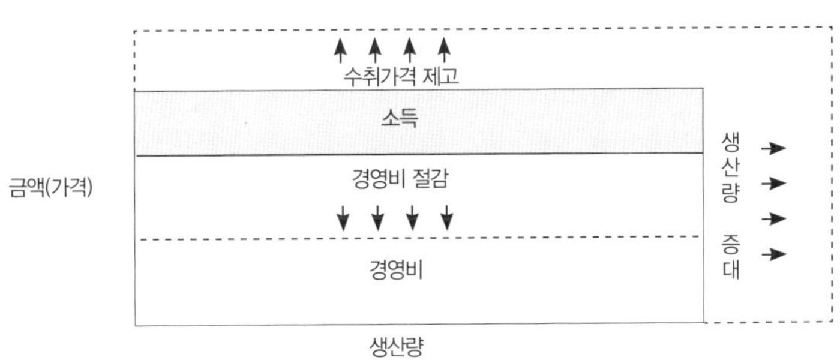

〈그림 13-3〉 포도의 농업경영개선의 기본 방향

표 13-5 노지포도 10a 수량수준별 경영성과 (단위:천원/10a)

구분		1,500kg미만	1,500~2,000kg	2,000~2,500kg	2,500kg이상
조수입	금액	3,941	4,622	5,808	5,916
	수량(kg)	1,223	1,704	2,183	2,749
	단가(원)	3,053	2,673	2,614	2,093
경영비		1,333	1,358	1,780	1,890
소득		2,608	3,264	4,028	4,025

단위면적당 수량을 증대하는 방안은 재식 주수, 주당 착과 수, 과당 중량의 측면에서 살펴보아야 한다. 포도는 사과, 배 등 다른 과종과는 달리 성과기가 빨라서 조기수량 확보를 위한 밀식재배를 할 경우 조기 수량증대의 효과는 있지만 성과기 이후에는 밀식에 의한 품질저하로 가격이 하락하여 소득이 낮아지는 경우가 많으므로 밀식재배는 조심해야 한다.

주당착과 수는 재식 주수를 고려하여 품질 저하가 없는 적절한 목표수량을 설정하고 이를 확보하기 위해 전정, 눈따기 작업을 실시하고, 이후 착과수의 불안정 요인으로 작용하는 화진현상을 억제하기 위한 시비, 관수, 병해충방제, 수세관리 등이 필요하다.

착과수 확보 및 과비대 증진을 위해서 인위적으로 관리할 수 있는 가장 중요한 사항은 관수로 다른 과종에서와 같이 과비대증진을 통한 수량증대를 기대할 수 있으며, 더욱이 봄가뭄에 따른 화진을 억제함으로써 적정 착과수의 확보를 기대할 수 있다.

3 규모화에 의한 개선

포도는 경영규모가 클수록 집약적인 관리가 이루어지지 못하여 수량감소 및 품질이 저하되는 경향을 보이며 조수입이 감소하여 10a당 소득은 감소하고 있다.

한편 농가당 포도소득은 규모가 클수록 증가하고 1.5ha 이상(평균 1.8ha)의 경우 포도재배 호당 평균소득은 45천만 원으로 도시근로자가구 평균수준의 소득을 실현하고 있다.

농업노임단가의 지속적인 상승으로 포도재배에서의 고용노력 활용이 감소하는 추세를 보이며 자가 노력 중심의 경영이 심화되고 있다. 따라서 규모화의 문제는 자가 노력 위주의 경영측면에서 보아야 하는데 현재의 생산시스템으로는 노동시간이 많이 소요되고 계절적인 집중 등으로 규모화에 한계가 있다. 따라서 규모화를 위해서는 생력기술의 도입과 노동집중의 완화가 필요하다.

가장 노동력이 많이 소요되는 수확작업의 생력화 방안은 우선 동일 품종은 나무 간, 같은 나무의 송이 간 숙기의 차이가 작도록 결실관리를 하여 수확작업의 효율성을 제고하고, 수확기를 고려한 적절한 품종안배로 수확노동력을 분산하는 방안을 들 수 있다.

수확작업과 노동경합을 이루는 포장 및 선별은 산지유통센터에서 공동으로 처리하는 방안도 고려할 수 있다. 또한 비가림재배 기술의 도입은 봉지 씌우기 및 병충해방제 노력의 절감뿐만 아니라 품질향상도 기대할 수 있다. 경우, 정지, 병충해 방제 등 기존에 농기계를 이용하고 있는 작업은 작업효율의 증진을 위한 농기계의 대형화를 고려할 수 있으나, 비용과다로 경영악화를 초래할 수 있으므로 공동이용을 통한 비용절감의 노력이 전제되어야 한다.

규모화는 집약화와 대조되는 경영개선 방향으로 규모화를 통한 경영개선은 집약화를 통한 경영개선이 한계를 보일 때 수행하는 경영개선방법이다. 특히 집약적인 관리가 요구되는 원예 분야에서는 수량성의 확보 및 품질향상의 집약적인 관리가 선행되어야 한다.

4 수취 가격 제고에 의한 개선

포도의 수취 가격 수준별 경영 성과를 보면, 수취 가격 수준이 높을수록 수량은 감소하지만 단위면적당 소득이 증가하고 있으며, 이는 수량 수준별 농가 간의 소득 차이보다 더욱 크게 나타내고 있다. 포도의 경우에는 수량과 품질(가격)이 상반된 현상을 보이므로 수량과 품질을 동시에 고려하는 경영 관리가 필요하다.

농가 간에 수취가격의 차이가 크게 나타나는데, 이를 좌우하는 요인은 상품품질, 판매시기, 상품성, 판로 등을 들 수 있다.

포도의 품질은 좋은 품종의 선택과 품질 향상기술의 도입을 기본적으로 고려할 수 있다. 우선 품종 간 소득을 비교하여 보면 거봉, 캠벨얼리, 머스캣베일리에이, 기타 순으로 높은 것으로 나타났으며, 이는 2001년의 머스캣베일리에이, 거봉, 새단, 캠벨얼리 순과는 차이가 있다.

즉 품종별 품질특성의 차이도 있지만 품종별 수급상황에 따라 소득 수준에 차이가 있다. 따라서 품종별 재배면적의 변화 추이에 대한 관심이 필요하며 지나치게 유행을 따라가는 품종갱신은 조심이 요구된다. 또한 기본적으로 소비자 기호에 적합한 품종의 선택은 중요한 농업경영 의사결정사항이다.

포도의 품질을 향상시키기 위해서는 열과 억제 및 당도향상을 위한 비가림재배의 도입을 고려할 수 있으며, 송이 내 알의 숙기 및 크기 불균일, 열과 등을 줄이기 위한 알솎기가 필요하고, 당도향상을 위한 적절한 착과와 시비, 토양수분관리에 주의가 요구되며, 품종별 숙기에 맞는 적기수확이 이루어져야 한다.

판매시기에 따른 가격의 차이는 매우 큰데, 판매시기를 조절하는 방법은 품종, 시설재배, 숙기조절기술, 저장 등이 있다. 시설재배를 통한 조기출하로 가격을 제고할 수 있으나, 4월 혹은 5월 초의 지나친 조기출하는 수입포도로 인하여 가격여건이 불리할 수도 있다. 조기출하를 위한 숙기조절기술은 장도 등의 품질 저하를 야기하는 경우가 많으며, 저장출하는 저장기간이 긴 경우 품질저하로 문제가 있으나, 품질관리가 잘 된다면 수입포도와 경쟁이 가능할 것으로 생각된다.

상품성은 선별, 포장, 브랜드화 등과 관련되는데, 선별의 경우 속박이라든가 표기내용과 내용물의 불일치, 지역별, 시기별, 농가별 선별기준의 불일치 등으로 소비자(상인)로부터 신뢰감을 잃을 경우 제값을 받기는 어렵다. 따라서 지역공동의 선별기준으로 산지유통센터에서 공동선별, 출하하는 방안을 고려할 필요가 있으며, 선별 등급기준은 선별 소요노동력 및 규모를 감안하여 소비자가 등급·

선별차이를 인식할 수 있어 가격 차별화 효과가 있도록 설정되어야 한다.

포장의 디자인은 상품 보호, 운반 편리성, 상품 이미지 및 특성 전달 등을 고려하여야 하며, 포장 단위는 소비자의 취급편리성, 소비자구매력, 시기, 판로, 포장재비용, 운송·상하차 효율 등을 고려하여야 한다. 특히 소비수준향상과 핵가족화 등으로 깨끗한 개방형 포장, 소포장 등이 선호되고 있다.

상품의 브랜드는 타 지역, 타 농가와 구별되는 기능이나 특색을 표현하는 것으로서 가격제고, 수요의 확대 및 안정화 등의 효과가 있어, 농산물 브랜드화에 대한 기대가 농업인들 사이에 급증하고 있으나 농산물 브랜드파워가 형성된 것이 극히 일부에 불과하다. 실제 브랜드의 형성을 위해서는 선별철저, 품질균일화, 전속출하, 물량규모화, 규격화, 디자인 다양화 등을 통해 지속적으로 소비자인지도를 제고해야 한다.

새로운 농산물 판로로 대형유통업체가 등장하고 있는데 대형유통업체를 통한 판매는 기존의 도매시장출하와는 다른 접근방법과 출하전략을 가져야 한다. 대형소매업체와의 직거래는 업체별로 품질규격에 대한 요구조건이 다르기 때문에 출하농가가 이러한 요구조건에 따라야 하며, 업체마다 차이는 있으나 대체로 정기, 정량, 정품질, 정시 유통을 선호함으로써 이에 부응할 수 있어야 한다. 또한 직거래 계약을 체결할 때는 가격결정방식, 대금결제조건, 수송, 거래규모 등이 사전에 충분히 검토되어야 한다.

부록

부록1. 농산물 표준규격 – 포도
부록2. 농약의 안전 사용

부록1

농산물 표준 규격

포도

[규격번호 : 1041]

Ⅰ. 적용 범위

본 규격은 국내에서 생산되어 신선한 상태로 유통되는 포도에 적용하며, 가공용 또는 수출용에는 적용하지 않는다.

Ⅱ. 등급 규격

1. 특

① **낱개의 고르기** : 별도로 정하는 크기 구분 표 [표 1]에서 무게가 다른 것이 10% 이하인 것. 단, 크기 구분 표의 해당 무게에서 1단계를 초과할 수 없다.

② **무게**

– 캠벨얼리, 마스캇베일리에이(MBA), 새단 및 이와 유사한 품종 : 별도로 정하는 크기 구분 표 [표 1]의 「L」, 「M」인 것

– 거봉 및 이와 유사한 품종 : 별도로 정하는 크기 구분 표 [표 1]에서 「2L」, 「L」, 「M」인 것

③ **색택** : 품종 고유의 색택을 갖추고, 과분의 부착이 양호한 것

④ **낱알의 형태** : 낱알 간 숙도와 크기의 고르기가 뛰어난 것

⑤ **중결점과** : 없는 것

⑥ **경결점과** : 없는 것

2. 상

① **낱개의 고르기** : 별도로 정하는 크기 구분 표 [표 1]에서 무게가 다른 것이 30% 이하인 것. 단, 크기 구분 표의 해당 무게에서 1단계를 초과할 수 없다.

② **무게** : 별도로 정하는 크기 구분 표 [표 1]에서 「2L」,「L」,「M」인 것

③ **색택** : 품종 고유의 색택을 갖추고, 과분의 부착이 양호한 것

④ **낱알의 형태** : 낱알 간 숙도와 크기의 고르기가 양호한 것

⑤ **중결점과** : 없는 것

⑥ **경결점과** : 5% 이하인 것

3. 보통

① **낱개의 고르기** : 특 · 상에 미달하는 것

② **무게** : 적용하지 않음

③ **색택** : 특 · 상에 미달하는 것

④ **낱알의 형태** : 특 · 상에 미달하는 것

⑤ **중결점과** : 5% 이하인 것(부패 · 변질과는 포함할 수 없음)

⑥ **경결점과** : 20% 이하인 것

〈 용어의 정의 〉

① **중결점과는 다음의 것을 말한다.**

　㉠ 이품종과 : 품종이 다른 것

　㉡ 부패, 변질과 : 부패, 경화, 위축 등 변질된 것(과숙에 의해 육질이
　　변질된 것을 포함한다.)

　㉢ 미숙과 : 당도, 색택 등으로 보아 성숙이 현저하게 덜 된 것

　㉣ 병충해과 : 탄저병, 노균병, 축과병 등 병해충의 피해가 있는 것

　㉤ 피해과 : 일소, 열과, 오염된 것 등의 피해가 현저한 것

② **경결점과는 다음의 것을 말한다.**

　㉠ 품종 고유의 모양이 아닌 것

　㉡ 낱알의 밀착도가 지나치거나 성긴 것

　㉢ 병해충의 피해가 경미한 것

　㉣ 기타 결점의 정도가 경미한 것

[표 1] 크기 구분

품종 / 호칭	2L	L	M	S
마스캇베일리에이 및 이와 유사한 품종	650 이상	500 이상 650 미만	350 이상 500 미만	350 미만
거봉, 네오마스캇, 다노레드 및 이와 유사한 품종	500 이상	400 이상 500 미만	300 이상 400 미만	300 미만
캠벨얼리 및 이와 유사한 품종	450 이상	350 이상 450 미만	300 이상 350 미만	300 미만
새단 및 이와 유사한 품종	300 이상	250 이상 300 미만	200 이상 250 미만	200 미만
델라웨어 및 이와 유사한 품종	150 이상	120 이상 150 미만	100 이상 120 미만	100 미만

(1 송이의 무게(g))

농약의 안전사용

1. 농약의 안전사용 기준 

　농산물의 생산량을 늘리고 품질을 높이는 데 병해충과 잡초의 방제는 필수적이며 이를 위해 농약을 살포한다. 사람이 먹는 음식물 중에는 우리에게 유익한 각종 영양소는 물론 매우 적은 양이지만 위해물질도 함께 들어 있는 것이 보통이다. 그러나 해로운 물질이라도 기준 이하의 양이 들어오면 체내에서 이를 분해하거나 배설함으로써 우리 몸에 해가 없지만 기준 이상의 많은 양을 먹을 경우에는 건강을 해친다. 독성이 있는 여러 가지 식물이 우리의 식품이 되지 못하는 것이 좋은 예라고 할 수 있다.

　농약도 이와 마찬가지로 농산물 내 잔류허용기준보다 많은 농약이 잔류하는 농산물을 섭취하면 우리 몸에 해롭지만 잔류허용기준 미만의 농산물은 전혀 해롭지 않다고 할 수 있다. 정부는 농약과 농작물의 종류별로 안전 사용 기준을 설정하여 고시하고 이를 지키게 함으로써 농산물 중 농약 잔류량이 허용기준을 넘지 않도록 하고 있다.

안전사용 기준이란 수확한 농산물 중 농약 잔류량이 허용기준을 넘지 않도록 농약을 사용하는 방법으로서 수확하기 전 농약의 마지막 사용시기와 농작물 재배기간 중 사용횟수를 정밀한 시험을 통하여 정한 것이며 누구나 보고 쉽게 실천할 수 있도록 농약 포장지(라벨)에 쓰여 있다. 따라서 기준에 따라 농약을 살포하면 농산물 중 농약 잔류량은 허용기준을 넘는 일이 없다.

많은 사람들은 농약을 사용하지 않고 재배한 농산물을 친환경농산물이라고 하여 선호하지만 병해충의 피해는 경제적으로 결코 무시할 수 없고, 병해충 피해를 입은 농산물은 무공해일 수 없다. 따라서 안전사용 기준을 지켜 농약을 살포함으로써 병해충을 효과적으로 방제하고 아울러 농약 잔류량이 허용 기준을 넘지 않는 안전한 농산물을 생산하고 소비하는 것이 합리적이다. 다시 말해 농약 자체가 위험한 것이 아니며 사용기준에 따라 사용하지 않는 행위와 그로 인해 발생하는 잔류 농약이 위험한 것이다.

2. 농약 섞어쓰기(혼용)의 장점과 주의할 점 

농약 섞어쓰기의 장점은 ① 농약 살포횟수를 줄여 방제비용 및 노력절감 ② 서로 다른 병해충의 동시 방제를 통한 약효 증진 ③ 같은 약제의 연용에 의한 내성 또는 저항성 발달의 억제 등이 있다.

그러나 잘못된 섞어 쓰기는 농약 성분의 분해에 의한 약효 저하 및 약해 발생 등을 초래할 수 있으므로 농약을 섞어 쓸 때는 다음과 같은 사항에 주의해야 한다.

1) 농약설명서 및 혼용 가부표를 반드시 확인해야 한다.

농약설명서의「주의 사항」란에는 섞어쓰기가 가능한 약제 또는 섞어 쓸 수 없는 약제는 물론 섞어쓰기를 할 때 약해 발생으로 인한 피해를 방지하기 위해 지켜야 할 주의 사항이 설명되어 있으므로 농약 설명서를 반드시 확인한다. 특히 한국작물보호협회는 1998년부터 농약 제조회사가 시험한 자료를 바탕으로 통합 혼용 가부표를 작성하여 배부하고 있으므로 이를 다시 확인토록 한다.

2) 농약은 2종 섞어쓰기를 하고 3종 이상 여러 약제의 섞어 쓰기는 가능하면 피하도록 한다.

최근에는 3~4종의 농약을 고농도로 섞어 미스트기 등 고성능 분무기로 소량 살포하는 경우도 있다. 그러나 이렇게 여러 약제를 섞으면 농약을 만들 때 첨가한 각종 보조제의 농도가 높아지기 때문에 약해가 발생할 가능성이 커진다. 따라서 한 가지 약제 살포나 2종 섞어쓰기에 비해 위험 부담이 크다.

3) 미량요소가 함유된 비료와는 혼용을 가급적 피하도록 한다.

최근 원예작물 재배농가에서는 경엽 살포용 제4종 복합비료(영양제)와 농약을 섞어서 살포하는 경우가 많은데 제4종 복합비료는 수용성 액체 비료로 주성분인 질소, 인산, 칼리 외에 미량요소(微量要素) 성분이 몇 가지 첨가되어 있다. 그런데 농약 중에 함유된 계면활성제 등의 성분은 비료의 흡수를 증가시켜 지나치게 많이 흡수된 미량 요소로 인한 생리장해가 일어나기 쉬우므로 미량요소 성분이 함유된 비료와는 섞어쓰기를 피하는 것이 좋다. 사용할 경우에는 약해 여부에 특히 주의한다.

4) 농약의 혼용 살포액을 만들 때는 동시에 2가지 이상의 약제를 한꺼번에 섞지 말고 한 약제를 물에 완전히 섞은 후 차례로 한 약제씩 추가하여 희석한다.

5) 제형이 다른 농약을 섞어쓰기 할 때의 원칙!!.

(1) 수화제 또는 액상수화제와 유제의 섞어쓰기

수화제의 희석액을 먼저 만든 후 액상수화제, 유제를 넣어 살포액을 만든다.

(2) 수화제 또는 액상수화제끼리 섞어쓰기

두 약제를 함께 넣거나 희석하는 것은 좋지 않다. 1개의 수화제 또는 액상수화제의 희석액을 만든 후 다른 수화제 또는 액상수화제를 넣어 혼합 살포액을 만든다.

(3) 전착제를 섞어 쓸 경우

전착제 살포액을 먼저 만든 후 수화제 또는 액상수화제를 넣어 혼합 살포액을 만든다. 전착제와 유제를 섞어 쓸 경우 순서는 상관이 없다.

6) 농약의 혼용 살포액에 침전물이 생기면 사용하지 말아야 한다.

7) 농약을 섞어 만든 살포액은 당일에 살포해야 한다.

8) 농약을 혼용할 때는 표준 희석 배수를 반드시 지켜야 하고 살포할 때는 표준량 이상으로 많은 양을 살포하지 않아야 한다.

9) 섞어쓰기가 가능한 약제라도 다시 한 번 포장지를 읽고 반드시 적용 대상 작물에만 사용해야 한다.

10) 혼용 가부표에 없는 농약을 부득이 섞어 쓸 경우에는 제조회사와 상담하거나 좁은 면적에 시험적으로 살포해 약해가 발생하는지 유무를 확인한 후 살포해야 한다.

3. 농약 잔류 허용기준(MRLs, Maximum Residue Limits)

농약이 잔류된 식품을 먹었을 때 우리 몸에 해로운지 해롭지 않은지는 잔류되어 있는 농약의 양에 달려 있다. 농약의 잔류허용기준은 식품 중에 함유되어 있는 농약의 잔류량이 사람이 일생 동안 그 식품을 섭취해도 전혀 해가 없는 수준을 법으로 규정한 양을 말하며 설정 방법은 농약의 「1일 섭취 허용량」, 「국민 평균 체중」 및 「식품

평균 섭취량」등을 고려하여 다음 공식에 의하여 계산하고 해당 분야 전문가들의 검토를 거쳐 설정하고 있다.

[농약 잔류허용기준(ppm) = (1일 농약 섭취 허용량 × 국민 평균 체중(50kg))/1일 1인 식품(농산물) 평균 섭취량]

잔류 허용 기준은 급성 독성인 농약의 중독과는 관계가 없으며 일생 동안의 건강을 고려하여 설정한 만성독성의 개념이다. 따라서 농약이 잔류되어 있는 식품일지라도 잔류허용기준 미만인 농산물은 우리 몸에 전혀 해롭지 않으며 과학적인 견지에서 볼 때 병해충을 방제하지 않아 작물이 자체적으로 만들어 내는 병해충 방어물질(과학적으로 안전성을 확인하지 못하고 있음)과 병해충이 만들어 내는 독성 물질(아플라톡신 등)이 함유된 농산물보다 훨씬 안전한 식품이라고 할 수 있다.

그러나 잔류허용기준이 모든 농약에 대하여 설정되어 있는 것은 아니다. 즉, 살포한 농약이 최대로 잔류하여도 전혀 해가 없는 안전한 농약 등은 잔류 기준을 설정할 필요가 없다. 또한 농산물 및 농약의 종류에 따라 잔류 허용 기준이 다르지만 일생 동안의 만성 독성에 기준을 두고 있기 때문에 고독성 농약이라고 해서 잔류 허용 기준이 낮은 것이 아니고 저독성 농약이라고 해서 높은 것이 아니다.

♣ 포도 등록 농약의 잔류 허용 기준

농약명	MRL (mg/kg)	단일성분	복합성분
글루포시네이트암모늄 (Glufosinate(ammonium))	0.3	바스타, 빨간풀, 제로인	
글리포세이트(Glyphosate)	0.2	근사미, 라운드엎, 근자비, 글라신골드, 성보글라신, 이비엠글라신, 풀마타, 해솜글라신, 아리글라신, 뉴글라신, 지심왕, 몬산토클래식	스파크, 대장군
다이아지논(Diazinon)	0.1		뚝심
디메토모르프(Dimethomorph)	2	포룸, 에이스, 영일디메쏘모르프	포룸디, 포룸만, 팔파래골드, 옹달샘, 균자비, 캐스팅, 카브리오팀,
디에토펜카브(Diethofencarb)	2		깨끄탄, 골자비
디치아논(Dithianon)	3	경농디치, 델란, 디치, 정밀디치, 창가탄	리도밀큐골드
디클로베닐(Dichlobenil)	0.15	카소론	
디페노코나졸(Difenoconazole)	1	푸름이, 스코어, 보가드, 푸르겐	삼진왕
마이클로부타닐(Myclobutanil)	2	시스텐	
메탈락실(Metalaxyl)	1		리도밀동, 삼공메타실동, 팔파래, 리도밀큐
메트코나졸(Metconazole)	2	살림꾼	
메파니피림(Mepanipyrim)	5	팡파르	
메피쿼트클로라이드 (Mepiquat chloride)	0.5	후라스타, 아리차	
보스칼리드(Boscalid)	5	칸투스	에스원, 벨리스플러스
비펜스린(Bifenthrin)	0.5	타스타	
빈클로졸린(Vinclozolin)	5	놀란	
사이플루페나미드(Cyflufenamid)	0.5		월계수, 힌트
스피로디크로펜(Spirodiclofen)	1	시나위	
시메코나졸(Simeconazole)	1	디펜더	
시아조파미드(Cyazofamid)	2	미리카트	
싸이목사닐(Cymoxanil)	0.1		센다닐, 이카쵸, 이코션, 커지엠, 크리너, 카니발, 타노스, 모아모아

싸이프로디닐(Cyprodinil)	5	유닉스	
아세퀴노실(Acequinocyl)	0.2	텔루스, 가네마이트	옹달샘, 참시난, 크리너, 금마차
아세타미프리드(Acetamiprid)	1	모스피란	
아시벤졸라-에스-메칠 (Acibenzolar-S-methyl)	2		비온엠
아족시스트로빈(Azoxystrobin)	1	영일아족시스트로빈, 아족시스트로빈, 아미스타, 센세이션, 오티바, 역발상, 나타나	아미스타탑
에세폰(Ethephon)	2	경농에세폰, 정밀에세폰, 착색왕, 쎄라코에세폰, 삼공에세폰, 영일에세폰, 에세폰다	
에타복삼(Ethaboxam)	3	텔루스,	오차드, 금마차, 참시난,
에토펜프록스(Ethofenprox)	1	트레본	
에톡사졸(Etoxazole)	0.5	주움	
오푸레이스(Ofurace)	0.3		수호신
옥사딕실(Oxadixyl)	2		굳케어플러스
옥시풀루오르펜(Oxyfluorfen)	0.05	고올, 노고지리	
이미다크로프리드(Imidacloprid)	1	코니도	
이미벤코나졸(Imibenconazole)	0.2	블랙홀, 확시란	
이프로디온(Iprodione)	10	균사리, 로데오, 로브랄, 새시로, 새노브란, 쎄라코이프로	신바람, 다스린,
이프로발리카브(Iprovalicarb)	2		멜로디, 자부심
족사마이드(Zoxamide)	0.5		카니발, 노타치
카벤다짐(Carbendazim)	1		깨끄탄, 새미나, 젤존
카보설판(Carbosulfan)	0.1	포수, 마샬, 쌀지기,	
카보후란(Carbofuran)	0.1	삼공카보, 이비엠물바사리, 카보텔, 큐라텔, 후라단, 황제카보, 동방카보	
캡탄(Captan)	5	경농캡탄, 동부캡탄, 삼공캡탄, 영일캡탄, 정밀캡탄, 캡탄	
크레속심-메칠(Kresoxim-methyl)	5	스트로비, 해비치	혜성, 크네이트,
크로치아니딘(Clothianidin)	2	세시미, 똑소리, 빅카드	
클로로타로닐 (Chlorothalonil)	5	골고루, 금비라, 다코닐, 에스엠타로닐, 영일타로닐, 초우크, 타로닐	균스타, 다모아, 센다닐, 경탄, 탐실,

성분명	기준	상표명	상표명
터부코나졸(Tebuconazole)	1	실바코,호리쿠어,스텔스	엄지
테부펜피라드(Tebufenpyrad)	0.5	피라니카	
트리아디메폰(Triadimefon)	1	바리톤,성보티디폰, 에스엠티디폰,일순위,티디폰골드	
트리프록시스트로빈(Trifloxystrobin)	0.5	에이플,프린트	
트리프루미졸(Triflumizole)	2	큰댁,배못,트리후민	
티디아주론(Thidiazuron)	0.2	더크리,그로스	
티아메톡삼(Thiamethoxam)	1	아타라	
파목사돈(Famoxadone)	1		노타치
페나리몰(Fenarimol)	0.3	경농훼나리,동부훼나리,훼나리	
페나미돈(Fenamidone)	0.7		모아모아,엘리쵸
페나자퀸(Fenazaquin)	0.5	보라매,응애단,워나란	
페니트로치온(Fenitrothion : MEP)	0.5	메프치온,스미치온	
펜코나졸(Penconazole)	0.5	크린타	
펜헥사미드(Fenhexamid)	3	텔도	균모리,타이브랙
포세틸-알루미늄(Fosetyl-aluminium)	25	알리에테	로닥스
포클로르페누론(Forchlorfenuron)	0.05	풀메트	
폴펫(Folpet)	5	경농홀펫,금망,삼공홀펫, 영일홀펫,탄저와노균	
푸루실라졸(Flusilazole)	0.5	누스타,올림프,카리스마, 카자테,고스트,후루실라졸	
프로시미돈(Procymidone)	5	프로파,팡자비,팡이탄,쎄라프로파, 영일프로파,스미렉스,너도사	다이렉스
프로파자이트(Propargite)	10	오마이트	
프로피네브(Propineb)	3	안트라콜,영일프로피,프로피,안트 라콜골드	
플루퀸코나졸(Fluquinconazole)	1	카스텔란,파리사드	금모리,성보탄저박사
피라크로스트로빈(Pyraclostrobin)	2	카브리오에이	
피리메타닐(Pyrimethanil)	5	미토스	탐실
헥사코나졸(Hexaconazole)	0.1	푸지매	
후루디옥소닐(Fludioxonil)	5	사파이어	

본 자료는 2014 작물보호제 지침서(한국작물보호협회)를 기준으로 작성한 참고 자료입니다. 보다 안전한 약제 사용을 위해서는 상표를 반드시 확인하시기 바랍니다.

○ **갈색무늬병**

약제명[상품명]	사용 적기	물20ℓ 당 사용약량	안전 사용 기준 시기	횟수
디메토모르프.피라클로스트로빈 (입상)[캐스팅, 카브리오팀]	발병초부터 10일 간격	13.3g	수확 14일 전까지 사용	3회이내
디티아논 (액상) [델란, 수리탄, 미듬탄]	발병초부터 10일 간격	20ml	수확 10일 전까지 사용	5회이내
디티아논.피라클로스트로빈 (입상) [매카니]	발병초부터 10일 간격	20g	수확 14일 전까지 사용	3회이내
디페노코나졸 (분액) [푸리온]	6월상순부터 10일 간격	20ml	수확 14일 전까지 사용	3회이내
디페노코나졸 (수) [푸르겐]	발병초부터 10일 간격	10g	수확 14일 전까지 사용	5회이내
디페노코나졸 (수) [푸른탄,젠토왕, 푸리온,예치졸,파라초,균가네,금자락,매직소]	발병초부터 10일 간격	10g	수확 14일 전까지 사용	5회이내
디페노코나졸(액상) [푸름이,로티플]	발병초부터 10일 간격	10ml	수확 14일 전까지 사용	4회이내
디페노코나졸(입상)[보가드]	발병초부터 10일 간격	10g	수확 7일 전까지 사용	3회이내
디페노코나졸.디티아논(입상) [그랑프리]	발병초부터 10일 간격	10g	수확 14일 전까지 사용	3회이내
디페노코나졸.이미녹타딘트리아세테이트 (미탁) [삼진왕,크린탑]	발병초부터 10일 간격	20ml	수확 14일 전까지 사용	4회이내
디페노코나졸.이미녹타딘트리아세테이트 (미탁) [처방사]	발병초부터 10일 간격	20ml	수확 14일 전까지 사용	4회이내

디페노코나졸.크레속심메틸(액상) [올레디]	발병초부터 10일 간격	10ml	수확 14일 전까지 사용	4회이내
디페노코나졸.테부코나졸(액상) [메가킹]	발병초부터 10일 간격	10ml	수확 7일 전까지 사용	4회이내
디페노코나졸.티오파네이트메틸(수) [처방사]	발병초부터 10일 간격	10g	수확 14일 전까지 사용	4회이내
디페노코나졸.티오파네이트메틸(액상) [포커스]	발병초부터 10일 간격	20ml	수확 14일 전까지 사용	3회이내
메트코나졸 (액상) [살림꾼]	발병초부터 10일 간격	6.7ml	수확 14일 전까지 사용	4회이내
보스칼리드.크레속심메틸(액상) [코리스]	발병초부터 10일 간격	8ml	수확 21일 전까지 사용	4회이내
보스칼리드.피라클로스트로빈(액상) [벨리스에스]	발병초부터 10일 간격	10ml	수확 30일 전까지 사용	3회이내
아족시스트로빈(수)[아미스타, 영일아족시스트로빈,센세이션나타나]	발병초부터 10일 간격	20g	수확 7일 전까지 사용	5회이내
아족시스트로빈.디페노코나졸(액상) [아미스타탑]	발병초부터 10일 간격	5ml	수확 14일 전까지 사용	3회이내
아족시스트로빈.헥사코나졸(액상) [클릭]	발병초부터 10일 간격	10ml	수확 21일 전까지 사용	3회이내
이미녹타딘트리스알베실레이트(수) [벨쿠트]	발병초부터 10일 간격	20g	수확 14일 전까지 사용	5회이내
이미녹타딘트리스알베실레이트(액상) [부티나, 탈렌트]	발병초부터 10일 간격	20ml	수확 21일 전까지 사용	3회이내
이미녹타딘트리스알베실레이트.티람(수) [참조네]	6월중순부터 10일 간격	20g	수확 21일 전까지 사용	4회이내
이미녹타딘트리스알베실레이트. 티오파네이트메틸(수)[만능타]	발병초부터 10일 간격	20g	수확 21일 전까지 사용	3회이내
이미벤코나졸(수) [확시란]	발병초부터 10일 간격	10g	수확 7일 전까지 사용	5회이내
카벤다짐.크레속심메틸(수) [탄제로]	발병초부터 10일 간격	13g	수확 30일 전까지 사용	4회이내
카벤다짐.테부코나졸(액상) [탄탄]	발병초부터 10일 간격	20ml	수확 30일 전까지 사용	3회이내
크레속심메틸(액상) [스트로비]	발병초부터 10일 간격	6.7ml	수확 21일 전까지 사용	4회이내

크레속심메틸(입상) [해비치]	발병초부터 10일 간격	6.7g	수확 14일 전까지 사용	4회이내
크레속심메틸.메트코나졸(입상) [혜성]	발병초부터 10일 간격	10g	수확 14일 전까지 사용	4회이내
크레속심메틸.티오파네이트메틸 (수) [크네이트]	발병초부터 10일 간격	20g	수확 14일 전까지 사용	2회이내
클로로탈로닐.디페노코나졸(액상) [단단]	발병초부터 10일 간격	20ml	수확 21일 전까지 사용	4회이내
클로로탈로닐.마이클로뷰타닐(수) [다모아]	발병초부터 10일 간격	40g	수확 14일 전까지 사용	4회이내
클로로탈로닐.크레속심메틸(액상) [경탄]	발병초부터 10일 간격	20ml	수확 21일 전까지 사용	4회이내
테부코나졸(액상) [실바코플러스]	발병초부터 10일 간격	10ml	수확 14일 전까지 사용	4회이내
테부코나졸(유탁) [바이칼,오리우스,선가드]	발병초부터 10일 간격	10ml	수확 30일 전까지 사용	3회이내
트리프록시스트로빈(액상) [프린트]	발병초부터 10일 간격	10ml	수확 21일 전까지 사용	4회이내
트리프록시스트로빈(입상)[에이플]	발병초부터 10일 간격	5g	수확 14일 전까지 사용	4회이내
펜헥사미드.테부코나졸(액상)[타이브랙]	발병초부터 10일 간격	13.3ml	수확 20일 전까지 사용	3회이내
플루실라졸.크레속심메틸(액상)[귀품]	발병초부터 10일 간격	20ml	수확 21일 전까지 사용	4회이내
플루퀸코나졸(수)[카스텔란]	발병초부터 10일 간격	10g	수확 30일 전까지 사용	3회이내
플루퀸코나졸(액상)[파리사드]	발병초부터 10일 간격	20ml	수확 14일 전까지 사용	3회이내
플루퀸코나졸.프로클로라이즈망가니즈(수) [성보탄저박사]	발병초부터 10일 간격	20g	수확 14일 전까지 사용	3회이내
플루퀸코나졸.플루실라졸(액상) [싱그롱]	발병초부터 10일 간격	20ml	수확 21일 전까지 사용	4회이내
플룩사피록사드.파라클로스트로빈(액상) [미리본]	발병초부터 10일 간격	10ml	수확 21일 전까지 사용	3회이내
피라클로스트로빈(액상) [프로키온]	발병초부터 10일 간격	10ml	수확 14일 전까지 사용	4회이내

| 피라클로스트로빈(입상)
[카브리오에이] | 발병초부터
10일 간격 | 6.7g | 수확 10일
전까지 사용 | 5회이내 |
| 헥사코나졸 (수)
[라피드,푸지매] | 발병초부터
10일 간격 | 8g | 수확 14일
전까지 사용 | 3회이내 |

○ 노균병

약제명[상품명]	사용 적기	물20ℓ 당 사용약량	안전 사용 기준	
			시기	횟수
디메토모르프(수) [에이스,영일디메쏘모르프,포룸]	발병초부터 10일 간격	20g	수확 21일 전까지 사용	3회이내
디메토모르프(액상)[페스티벌]	발병초부터 10일 간격	20ml	수확 30일 전까지 사용	3회이내
디메토모르프.디티아논(수)[포룸디]	발병초부터 10일 간격	20g	수확 30일 전까지 사용	3회이내
디메토모르프.만코제프(수)[포룸만]	발병초부터 10일 간격	40g	수확 30일 전까지 사용	3회이내
디메토모르프.메타락실엠(수)[팔파래골드]	발병초부터 10일 간격	20g	수확 14일 전까지 사용	3회이내
디메토모르프.에타복삼(액상)[옹달샘]	발병초부터 10일 간격	20ml	수확 14일 전까지 사용	5회이내
디메토모르프.프로피네브(수)[균자비]	발병초부터 10일 간격	40g	수확 10일 전까지 사용	3회이내
디메토모르프.피라클로스트로빈(입상) [캐스팅, 카브리오팀]	발병초부터 10일 간격	10g	수확 14일 전까지 사용	3회이내
디티아논(수) [경농디치, 델란, 아그로텍디치]	발병초부터 10일 간격	20g	수확 45일 전까지 사용	2회이내
디티아논(수)[아우라]	발병초부터 10일 간격	20g	수확 45일 전까지 사용	2회이내
디티아논.메탈락실-엠(수)[리도밀큐골드]	발병초부터 10일 간격	40g	수확 30일 전까지 사용	3회이내
만디프로파니드(액상)[레버스]	발병초부터 15일 간격	10ml	수확 21일 전까지 사용	3회이내
만코제브.옥사딕실(수)[굳케어]	발병초부터 10일 간격	20g	수확 30일 전까지 사용	3회이내

베나락실-엠, 에타복삼(액상)[선방]	발병초부터 10일 간격	20ml	수확 21일 전까지 사용	3회이내
벤티아발리카브아이소프로필. 코퍼옥시클로라이드(수)[신궁]	발병초부터 10일 간격	20g	수확 14일 전까지 사용	3회이내
벤티아발리카브아이소프로필. 클로로탈로닐(입상)[히든카드]	발병초부터 10일 간격	40g	수확 21일 전까지 사용	3회이내
벤티아발리카브아이소프로필.프로피네브(수) [가꾸내]	발병초부터 10일 간격	20g	수확 21일 전까지 사용	3회이내
싸이목사닐.만코제브(수)[커지-엠]	발병초부터 10일 간격	40g	수확 21일 전까지 사용	3회이내
싸이목사닐.에타복삼(수)[역노산]	발병초부터 10일 간격	20g	수확 14일 전까지 사용	4회이내
싸이목사닐.파목사돈(수)[타노스]	발병초부터 10일 간격	10g	수확 21일 전까지 사용	3회이내
싸이목사닐.파목사돈(액상)[이카쵸]	발병초부터 10일 간격	20ml	수확 7일 전까지 사용	5회이내
싸이목사닐.파목사돈(입상)[이코션]	발병초부터 7일 간격	10g	수확 7일 전까지 사용	5회이내
싸이목사닐.페나미돈(수)[모아모아]	발병초부터 10일 간격	20g	수확 10일 전까지 사용	3회이내
사이아조파미드(액상)[미리카트]	발병초부터 10일 간격	10ml	수확 10일 전까지 사용	3회이내
사이아조파미드.플루오피콜라이드(액상) [원프로]	발병초부터 10일 간격	10ml	수확 21일 전까지 사용	3회이내
아메톡트라딘.디메토모르프(액상) [젬프로]	발병초부터 7일 간격	10ml	수확 14일 전까지 사용	4회이내
아미설브롬.사이목사닐(입상)[커튼]	발병초부터 10일 간격	10g	수확 14일 전까지 사용	4회이내
아족시스트로빈(수)[아미스타, 영일아족시스트로빈,센세이션,나타나]	발병초부터 10일 간격	20g	수확 7일 전까지 사용	5회이내
아족시스트로빈(수) [다가라,아티스트,두루두루,아미트라]	발병초부터 10일 간격	20g	수확 7일 전까지 사용	5회이내
아족시스트로빈(액상) [오티바,역발산,나타나,미라도]	발병초부터 10일 간격	20ml	수확 7일 전까지 사용	5회이내
아족시스트로빈.디메토모르프(액상) [예작]	발병초부터 10일 간격	20ml	수확 30일 전까지 사용	3회이내

에타복삼(액상)[텔루스]	발병초부터 10일 간격	20ml	수확 14일 전까지 사용	4회이내
에타복삼.메타락실(수)[오차드]	발병초부터 10일 간격	20g	수확 14일 전까지 사용	4회이내
에타복삼.파목사돈(수)[골드맨]	발병초부터 10일 간격	20g	수확 14일 전까지 사용	4회이내
에타복삼.프로피네브(수)[두아름]	발병초부터 10일 간격	20g	수확 21일 전까지 사용	2회이내
옥사딕실.프로피네브(수)[굳케어플러스]	발병초부터 14일 간격	40g	수확 21일 전까지 사용	4회이내
이프로발리카브.족사마이드(수)[자부심]	발병초부터 10일 간격	20g	수확 14일 전까지 사용	5회이내
카벤다짐.크레속심메틸(수)[탄제로]	발병초부터 10일 간격	13g	수확 30일 전까지 사용	4회이내
코퍼옥시클로라이드.메탈락실엠(수) [리도밀골드플러스]	발병초부터 10일 간격	20g	수확 7일 전까지 사용	3회이내
코퍼옥시클로라이드.이프로발리카브(수) [승부처]	발병초부터 10일 간격	20g	수확 14일 전까지 사용	4회이내
코퍼하이드록사이드(입상)[코사이드옵티]	발병초부터 10일 간격	20g		
크레속심메틸(액상)[스트로비]	발병초부터 10일 간격	6.7ml	수확 21일 전까지 사용	4회이내
크레속심메틸(입상)[해비치]	발병초부터 10일 간격	6.7g	수확 14일 전까지 사용	4회이내
클로로탈로닐(수)[골고루,다코닐,선문타로닐, 아리타로닐,초우크,강철탄,성보네]	발병직전부터 10일 간격	40g	수확 14일 전까지 사용	1회이내
클로로탈로닐(수)[타이젠,타로닐]	발병직전부터 10일 간격	40g	수확 14일 전까지 사용	1회이내
클로로탈로닐.디메토모르프(수) [균스타]	발병초부터 10일 간격 경엽처리	40g	수확 30일 전까지 사용	3회이내
클로로탈로닐.마이크로뷰타닐(수) [다모아]	발병초부터 10일 간격	40g	수확 14일 전까지 사용	4회이내
클로로탈로닐.싸이목사닐(수)[센다닐]	발병초부터 10일 간격	40g	수확 21일 전까지 사용	3회이내
클로로탈로닐.크레속심메틸(액상)[경탄]	발병초부터 10일 간격	20ml	수확 21일 전까지 사용	4회이내

약제명[상품명]	사용 적기	물20ℓ 당 사용약량	시기	횟수
트리베이직코퍼설페이트(액)[새빈나]	발병초부터 10일 간격	20ml	–	–
파목사돈.메타락실엠(분액)[늘사랑]	발병초부터 10일 간격	20ml	수확 14일 전까지 사용	3회이내
파목사돈.족사마이드(수)[노타치]	발병초부터 10일 간격	20g	수확 14일 전까지 사용	2회이내
포세틸알루미늄(수)[알리에테]	발병초부터 10일 간격	40g	수확 3일 전까지 사용	4회이내
폴펫(수) [경농홀펫,삼공홀펫,영일홀펫, 탄저와노균]	발병초부터 10일 간격	40g	수확 14일 전까지 사용	3회이내
플로오피콜라이드.이프로발리카브(액상) [부로킹]	발병초부터 10일 간격	20ml	수확 30일 전까지 사용	3회이내
플로오피콜라이드.프로파모카브하이드로클로라이드(액상)[인피니트]	발병초부터 10일 간격	20ml	수확 30일 전까지 사용	3회이내

○ **녹병**

약제명[상품명]	사용 적기	물20ℓ 당 사용약량	안전 사용 기준	
			시기	횟수
트리프록시스트로빈(입상)[에이플]	발병초부터 10일 간격	5g	수확 14일 전까지 사용	4회이내
플루실라졸.크레속심메틸(액상)[귀품]	발병초부터 10일 간격	20ml	수확 21일 전까지 사용	4회이내
플루퀸코나졸.플루실라졸(액상)[싱그롱]	발병초부터 10일 간격	20ml	수확 21일 전까지 사용	4회이내

○ **새눈무늬병**

약제명[상품명]	사용 적기	물20ℓ 당 사용약량	안전 사용 기준	
			시기	횟수
디에토펜카브.티오파네이트메틸(수)[골자비]	발병초부터 7일 간격	20g	수확 14일 전까지 사용	3회이내
디페노코나졸.플루디옥소닐(수)[배팅]	발병초부터 10일 간격	10g	수확 14일 전까지 사용	5회이내

	발병초부터		수확	
메파니피림(수)[팡파르]	발병초부터 10일 간격	10g	수확 7일 전까지 사용	4회이내
메파니피림(액상)[팡파르]	발병초부터 10일 간격	10ml	수확 7일 전까지 사용	4회이내
보스칼리드(입상)[칸투스]	발병초부터 10일 간격	10g	수확 40일 전까지 사용	3회이내
보스칼리드.크레속심메틸(액상)[코리스]	발병초부터 10일 간격	8ml	수확 21일 전까지 사용	4회이내
보스칼리드.플루디옥소닐(액상)[에스원]	발병초부터 7일 간격	20ml	수확 7일 전까지 사용	4회이내
싸이프로디닐(입상, 수입.국내)[유닉스]	발병초부터 10일 간격	10g	수확 30일 전까지 사용	2회이내
이미녹타딘트리스알베실레이트.포리옥신비(수)[적토마]	발병초부터 10일 간격	10g	수확 21일 전까지 사용	4회이내
이미벤코나졸(입상)[블랙홀]	발병초부터 7일 간격	5g	수확 30일 전까지 사용	4회이내
이프로디온(수)[균사리,로브랄,새시로,인바이오이프로,새노브란,로데오,이프킬]	발병초부터 10일 간격	20g	수확 7일 전까지 사용	5회이내
이프로디온(수)[살균왕]	발병초부터 10일 간격	20g	수확 7일 전까지 사용	5회이내
카벤다짐.디에토펜카브(수)[깨끄탄]	발병초부터 10일 간격	20g	수확 7일 전까지 사용	5회이내
카벤다짐.이프로디온(수)[로브카]	발병초부터 10일 간격	20g	수확 21일 전까지 사용	5회이내
카벤다짐.크레속심메틸(수)[탄제로]	발병초부터 7일 간격	10g	수확 30일 전까지 사용	4회이내
클로로탈로닐.피리메타닐(액상)[탐실]	발병초부터 10일 간격	20ml	수확 14일 전까지 사용	3회이내
테부코나졸(수)[실바코]	발병초부터 10일 간격	10g	수확 21일 전까지 사용	4회이내
테부코나졸(수)[균어택,레베카,탄보험,케이씨균박사,실크로드,씰빠꼬뿔,마꼬잡꼬]	발병초부터 10일 간격	10g	수확 21일 전까지 사용	4회이내
테부코나졸(액상)[실바코플러스]	발병초부터 10일 간격	10ml	수확 14일 전까지 사용	4회이내
펜피라자민(액상)[보트리사이드]	발병초부터 7일 간격	20ml	수확 14일 전까지 사용	4회이내

약제명[상품명]	사용 적기	물20ℓ 당 사용약량	수확 시기	횟수
펜헥사미드(수)[텔도]	발병초부터 10일 간격	20g	수확 7일 전까지 사용	4회이내
펜헥사미드(액상)[텔도]	발병초부터 10일 간격	20g	수확 21일 전까지 사용	3회이내
펜헥사미드.이미녹타딘트리스알베실레이트(수) [균모리]	발병초부터 10일 간격	10g	수확 21일 전까지 사용	3회이내
펜헥사미드.테부코나졸 (액상)[타이브랙]	발병초부터 10일 간격	13.3ml	수확 20일 전까지 사용	3회이내
프로사이미돈(수) [너도사,스미렉스,영일프로파, 인바이오프로파,팡이탄,팡자비, 곰팡제로,팡청소]	발병초부터	20g	수확 14일 전까지 사용	3회이내
프로클로라즈망가니즈(수)[스포르곤]	발병초부터 7일 간격	10g	수확 14일 전까지 사용	3회이내
플루디옥소닐(액상)[사파이어]	발병초부터 10일 간격	10ml	수확 7일 전까지 사용	4회이내
플루오피람(액상)[머큐리]	발병초부터 7일 간격	5ml	수확 14일 전까지 사용	3회이내
플루퀸코나졸.피리메타닐(액상)[금모리]	발병초부터 10일 간격	20ml	수확 21일 전까지 사용	4회이내
피리메타닐(액상)[미토스]	발병초부터 10일 간격	20ml	수확 21일 전까지 사용	4회이내

○ **탄저병**

약제명[상품명]	사용 적기	물20ℓ 당 사용약량	안전 사용 기준	
			시기	횟수
디메토모르프.디티아논(수)[포룸디]	발병초부터 10일 간격	20g	수확 30일 전까지 사용	3회이내
디메토모르프.만코제브(수)[포룸만]	발병초부터 10일 간격	40g	수확 30일 전까지 사용	3회이내
디메토모르프.피라클로스트로빈(입상) [캐스팅, 카브리오팀]	발병초부터 10일 간격	13.3g	수확 14일 전까지 사용	3회이내
디메토모르프.피라클로스트로빈(액상)[캐스팅]	발병초부터 10일 간격	10g	수확 21일 전까지 사용	2회이내

디티아논(수) [경농디치, 델란, 아그로텍디치]	발병초부터 10일 간격	20g	수확 45일 전까지 사용	2회이내
디티아논(수)[아우라]	발병초부터 10일 간격	20g	수확 45일 전까지 사용	2회이내
디티아논.메탈락실-엠(수)[리도밀큐골드]	발병초부터 10일 간격	40g	수확 30일 전까지 사용	3회이내
디페노코나졸(분액)[푸리온]	발병초부터 10일 간격	20ml	수확 14일 전까지 사용	3회이내
디페노코나졸(수)[푸르겐]	발병초부터 10일 간격	10g	수확 14일 전까지 사용	5회이내
디페노코나졸(액상)[푸름이, 로티플]	발병초부터 10일 간격	10ml	수확 14일 전까지 사용	4회이내
디페노코나졸(입상)[보가드]	발병초부터 10일 간격	10g	수확 7일 전까지 사용	3회이내
디페노코나졸(입상) [캐취존, 샤르망, 아리가드킹, 다나스]	발병초부터 10일 간격	10g	수확 7일 전까지 사용	3회이내
디페노코나졸.이미녹타딘트리아세테이드(미탁) [삼진왕, 크린탑]	발병초부터 10일 간격	20ml	수확 14일 전까지 사용	4회이내
디페노코나졸.이미녹타딘트리아세테이드(미탁) [처방사]	발병초부터 10일 간격	20ml	수확 14일 전까지 사용	4회이내
디페노코나졸.테부코나졸(액상)[메가킹]	발병초부터 10일 간격	10ml	수확 7일 전까지 사용	4회이내
만코제브(수) [다이센엠-45, 더센엠, 흑점엔더욱센엠, 성보만코지, 선문만코지, 영일만코지, 동방만코지, 뉴엠2000]	발병초부터 10일 간격	40g	수확 30일 전까지 사용	3회이내
만코제브(수)[키보이스]	발병초부터 10일 간격	40g	수확 30일 전까지 사용	3회이내
메트코나졸(액상)[살림꾼]	발병초부터 10일 간격	6.7ml	수확 14일 전까지 사용	4회이내
메트코나졸.티오파네이트메틸(입상) [대몽]	발병초부터 7일 간격	20g	수확 21일 전까지 사용	3회이내
베노밀(수)[다코스, 동부베노밀, 벤레이트, 삼공베노밀, 아리베노밀, 임팩트, 아그로텍베노밀, 하이엑스, 동방베노밀, 벤지, 제로곰팡, 베노밀, 베노레이트]	발병초부터 10일 간격	13g	수확 7일 전까지 사용	2회이내

벤티아발리카브아이소프로필.프로피네브(수) [가꾸내]	발병초부터 10일 간격	20g	수확 21일 전까지 사용	3회이내
보스칼리드.피라클로스트로빈(액상) [벨리스에스]	발병초부터 10일 간격	10ml	수확 30일 전까지 사용	3회이내
보스칼리드.피라클로스트로빈(입상) [벨리스플러스]	발병초부터 10일 간격	10g	수확 30일 전까지 사용	3회이내
아시벤졸라에스메틸.만코제브(수)[비온엠]	발병초부터 10일 간격	20g	수확 14일 전까지 사용	3회이내
아족시스트로빈(수) [아미스타,영일아족시스트로빈,센세이션,나타나]	발병초부터 10일 간격	20g	수확 7일 전까지 사용	5회이내
아족시스트로빈(수) [다가라,아티스트,두루두루,아미트라]	발병초부터 10일 간격	20g	수확 7일 전까지 사용	5회이내
아족시스트로빈.디페노코나졸(액상) [아미스타탑]	발병초부터 10일 간격	5ml	수확 14일 전까지 사용	3회이내
이미녹타딘트리스알베실레이트(수)[벨쿠트]	발병초부터 10일 간격	20g	수확 14일 전까지 사용	5회이내
이미녹타딘트리아세테이트(액)[듀팩,만병탄, 베푸란,성보네,영일탑,영파워,탄부란,골드라인]	휴면기	80ml	휴면기 까지 사용	1회이내
이미벤코나졸(입상)[블랙홀]	발병초부터 7일 간격	5g	수확 30일 전까지 사용	4회이내
이프로디온.티오파네이트(수)[다스린]	발병초부터 10일 간격	20g	수확 7일 전까지 사용	4회이내
카벤다짐.이프로디온(수)[로브카]	발병초부터 10일 간격	20g	수확 21일 전까지 사용	5회이내
카벤다짐.크레속심메틸(수)[탄제로]	발병초부터 10일 간격	13g	수확 30일 전까지 사용	4회이내
카벤다짐.테부코나졸(수)[탄자꼬]	발병초부터 10일 간격	10g	수확 21일 전까지 사용	3회이내
카벤다짐.테부코나졸(액상)[탄탄]	발병초부터 10일 간격	20ml	수확 30일 전까지 사용	3회이내
캡탄(수)[경농캡탄,모두나,삼공캡탄,영일캡탄, 아그로캡탄,부패왕]	발병초부터 10일 간격	40g	수확 7일 전까지 사용	4회이내
클로로탈로닐.디메토모르프(수)[균스타]	발병초부터 10일 간격	40g	수확 30일 전까지 사용	3회이내
클로로탈로닐.마이클로뷰타닐(수)[다모아]	발병초부터 10일 간격	40g	수확 14일 전까지 사용	4회이내

약제명	사용시기 및 간격	사용량	사용시기	사용횟수
테부코나졸(분액)[타포라탄]	발병초부터 10일 간격	20ml	수확 21일 전까지 사용	3회이내
테부코나졸(수)[실바코]	발병초부터 10일 간격	10g	수확 21일 전까지 사용	4회이내
테부코나졸(수)[균어택,레베카,탄보험, 케이씨균박사,실크로드,씰빠꼬뿔,마꼬잡꼬]	발병초부터 10일 간격	10g	수확 21일 전까지 사용	4회이내
테부코나졸(액상)[실바코플러스]	발병초부터 10일 간격	10ml	수확 14일 전까지 사용	4회이내
테부코나졸.트리플록시스트로빈(액상)[나티보]	발병초부터 10일 간격	6.7ml	수확 30일 전까지 사용	3회이내
트리프록시스트로빈(액상)[프린트]	발병초부터 10일 간격	10ml	수확 21일 전까지 사용	4회이내
트리프록시스트빈(입상)[에이플]	발병초부터 10일 간격	5g	수확 14일 전까지 사용	4회이내
티오파네이트메틸(수)[톱네이트-엠,톱신엠, 삼공지오판,아그로텍지오판,성보지오판, 샹그리라,아리지오판,동방지오판,지오판엠, 과채탄,치호톱,지오판]	발병초(6월)부터 10일 간격	20g	수확 14일 전까지 사용	3회이내
티오파네이트메틸(수)[톱사이드]	발병초(6월)부터 10일 간격	20g	수확 14일 전까지 사용	3회이내
티오파네이트메틸.트리플루미졸(수) [굳타임,모두우리]	발병초부터 10일 간격	20g	수확 7일 전까지 사용	5회이내
펜핵사미드.테부코나졸(액상)[타이브랙]	발병초부터 10일 간격	13.3ml	수확 20일 전까지 사용	3회이내
폴펫(수)[경농홀펫,삼공홀펫, 영일홀펫, 탄저와노균]	발병초부터 10일 간격	40g	수확 14일 전까지 사용	3회이내
프로사이미돈.만코제브(수)[다이렉스]	6월 상순부터 10일 간격	33g	수확 30일 전까지사용	3회이내
프로클로라즈망가니즈(수)[스포르곤]	발병초부터 10일 간격	10g	수확 7일 전까지 사용	3회이내
프로클로라즈망가니즈.테부코나졸(수)[사천왕]	발병초부터 10일 간격	10g	수확 7일 전까지 사용	2회이내
프로피네브(수)[안트라콜,영일프로피, 동방프로피,성보네]	6월 상순부터 10일 간격	40g	수확 14일 전까지 사용	3회이내
프로피네브(수)[어바우트]	6월 상순부터 10일 간격	40g	수확 14일 전까지 사용	3회이내

약제명[상품명]	사용 적기	물20ℓ 당 사용약량	시기	횟수
프로피네브(입상)[안트라콜골드]	발병초부터 10일 간격 경엽처리	10ml	수확 21일 전까지 사용	3회이내
프로피코나졸.테부코나졸(유현)[영일베스트]	발병초부터 7일 간격	10ml	수확 21일 전까지 사용	3회이내
플루디옥소닐(액상)[사파이어]	발병초부터 10일 간격	10ml	수확 7일 전까지 사용	4회이내
플루퀸코나졸.프로크로라츠망간(수) [성보탄저박사]	발병초부터 10일 간격	20g	수확 14일 전까지 사용	3회이내
플룩사피록사드.피라클로스트로빈(액상) [미리본]	발병초부터 10일 간격	10ml	수확 14일 전까지 사용	3회이내
피라클로스트로빈(입상)[카브리오에이]	발병초부터 10일 간격	6.7g	수확 10일 전까지 사용	5회이내

○ 흰가루병

약제명[상품명]	사용 적기	물20ℓ 당 사용약량	안전 사용 기준	
			시기	횟수
디메토모르프.피라클로스트로빈(입상) [캐스팅,카브리오팀]	발병초부터 10일 간격	13.3g	수확 14일 전까지 사용	3회이내
디페노코나졸(유, 10%)[푸르겐]	발병초부터 10일 간격	10ml	수확 14일 전까지 사용	5회이내
디페노코나졸(유, 10%)[아이템,햇빛촌,내비균]	발병초부터 10일 간격	10ml	수확 14일 전까지 사용	5회이내
마이클로뷰타닐(수)[시스텐]	발병초부터 10일 간격	13g	수확 14일 전까지 사용	5회이내
사이플루페나미드.디페노코나졸(액상)[월계수]	발병초부터 10일 간격	5ml	수확 14일 전까지 사용	4회이내
사이플루페나미드.헥사코나졸(액상)[힌트]	발병초부터 10일 간격	10ml	수확 21일 전까지 사용	3회이내
시메코나졸(수)[디펜더]	발병초부터 10일 간격	5g	수확 14일 전까지 사용	4회이내
이미녹타딘트리스알베실레이트(액상) [부티나,탈렌트]	발병초부터 10일 간격	20ml	수확 21일 전까지 사용	3회이내
이미벤코나졸(수)[확시란]	발병초부터 10일 간격	10g	수확 7일 전까지 사용	5회이내

크레속심메틸(액상)[스트로비]	발병초부터 10일 간격	6.7ml	수확 21일 전까지 사용	4회이내
트리아디메폰(수)[바리톤, 선문티디폰]	발병초부터 10일 간격	10g	수확 14일 전까지 사용	5회이내
트리플루미졸(수)[트리후민, 큰댁, 배못]	발병초부터 10일 간격	6.7g	수확 7일 전까지 사용	5회이내
페나리몰(수)[경농훼나리, 동부훼나리]	발병초부터 7일 간격	6.7g	수확 14일 전까지 사용	5회이내
페나리몰(유)[동부훼나리]	발병우려 또는 발병초부터 10일 간격	6.7ml	수확 15일 전까지 사용	4회이내
포리옥신비(수용)[더마니]	발병초부터 10일 간격	4g	수확 7일 전까지 사용	5회이내
플루실라졸(수)[고스트, 카리스마]	발병초부터 10일 간격	20g	수확 7일 전까지 사용	5회이내
플루실라졸(입상)[고스트, 올림프, 카자테]	발병초부터 10일 간격	2.5g	수확 7일 전까지 사용	5회이내

○ 흰날개무늬병

약제명[상품명]	사용 적기	물20ℓ 당 사용약량	안전 사용 기준 시기	횟수
플루아지남(수)[후론사이드]	휴면기 1회 토양관주	10g	휴면기	1회

○ 갈색여치

약제명[상품명]	사용 적기	물20ℓ 당 사용약량	안전 사용 기준 시기	횟수
다이아지논.에토펜프록스수화제[뚝심]	다발생기	약액이 충분히 묻도록 골고루 뿌림	수확 14일 전까지 사용	2회이내
페니트로티온수화제[스미치온, 메프치온]	다발생기	20g	수확 21일 전까지 사용	2회이내

○ 깍지벌레

약제명[상품명]	사용 적기	물20ℓ 당 사용약량	안전 사용 기준	
			시기	횟수
람다사이할로트린.티아메톡삼(입수용)[스토네트]	다발생기	10g	수확 14일 전까지 사용	3회이내
뷰프로페진.티아메톡삼(액상)[킬충,뉴자비왕]	다발생기	20ml	수확 21일 전까지 사용	2회이내
뷰프로페진.티아클로프리드(액상)[백승]	다발생기	10ml	수확 14일 전까지 사용	3회이내

○ 장님노린재

약제명[상품명]	사용 적기	물20ℓ 당 사용약량	안전 사용 기준	
			시기	횟수
감마사이할로트린(캡현)[리무진]	발생초기 10일 간격	8ml	수확 7일 전까지 사용	3회이내
감마사이할로트린.이미다클로프리드캡슐(액상)[1144뚝뚝]	다발생기	10ml	수확 21일 전까지 사용	2회이내
디노테퓨란(수)[오신]	다발생기	20g	수확 30일 전까지 사용	2회이내
디노테퓨란(입상)[팬텀]	다발생기	10g	수확 21일 전까지 사용	2회이내
디노테퓨란.에토펜프록스(미탁)[청실홍실]	다발생기	20ml	수확 14일 전까지 사용	3회이내
람다사이할로트린.티아메톡삼수용성입제[스토네트]	다발생기	10g	수확 14일 전까지 사용	3회이내
뷰프로페진.디노테퓨란(수)[검객]	다발생기	10g	수확 7일 전까지 사용	3회이내
비펜트린(수)[타스타]	다발생기	20g	수확 14일 전까지 사용	3회이내
비펜트린(입상)[캡처, 메이저]	다발생기	20g	수확 14일 전까지 사용	3회이내
비펜트린.클로티아니딘(액상)[빗장]	다발생기	20ml	수확 14일 전까지 사용	3회이내
아세타미프리드(수)[모스피란]	다발생기	10g	수확 10일 전까지 사용	3회이내

약제명[상품명]	사용 적기	물20ℓ 당 사용약량	안전 사용 기준 시기	안전 사용 기준 횟수
아세타미프리드(수)[샤프킬,젠토스타,어택트]	다발생기	10g	수확 10일 전까지 사용	3회이내
아세페이트,이미다클로프리드(수)[아나콘다]	다발생기	20g	수확 30일 전까지 사용	3회이내
에토펜프록스(유)[세배로]	다발생기	20g	수확 14일 전까지 사용	3회이내
에토펜프록스(캡현)[쾌속탄]	다발생기	10ml	수확 14일 전까지 사용	3회이내
이미다클로프리드(수) [아리이미다,코니도,코사인,비법,대대로]	다발생기	10g	수확 21일 전까지 사용	3회이내
이미다클로프리드(수) [타격왕,레드카드,코르니,래피드킬,호리도, 뜨물탄,트랙다운]	다발생기	10g	수확 21일 전까지 사용	3회이내
이미다클로프리드(액상)[코니도]	다발생기	10g	수확 7일 전까지 사용	3회이내
클로티아니딘(수)[세시미]	다발생기	10g	수확 14일 전까지 사용	3회이내
클로티아니딘(액상)[빅카드]	다발생기	10g	수확 14일 전까지 사용	3회이내
클로티아니딘 메톡시페노자이드(액상) [유토피아]	다발생기	10g	수확 14일 전까지 사용	3회이내
티아메톡삼입상수화제(10%)[아타라]	다발생기	10g	수확 7일 전까지 사용	3회이내
페니트로티온(수)[메프치온,스미치온]	발생초	20g	수확 21일 전까지사용	2회이내

○ 노린재

약제명[상품명]	사용 적기	물20ℓ 당 사용약량	안전 사용 기준 시기	안전 사용 기준 횟수
감마사이할로트린(캡현)[리무진]	발생초기 10일 간격	8ml	수확 7일 전까지 사용	3회이내
다이아지논.에토펜프록스수화제[뚝심]	다발생기	약액이 충분히 묻도록 골고루 뿌림	수확 14일 전까지 사용	2회이내

약제명[상품명]	사용 적기	물20ℓ 당 사용약량	안전 사용 기준	
			시기	횟수
디노테퓨란(입상)[팬텀]	다발생기	10g	수확 21일 전까지 사용	2회이내
디노테퓨란.에토펜프록스(미탁)[청실홍실]	다발생기	20ml	수확 14일 전까지 사용	3회이내
람다사이할로트린.티아메톡삼(입수용) [스토네트]	다발생기	10g	수확 14일 전까지 사용	3회이내
비펜트린(수)[타스타]	다발생기	20g	수확 14일 전까지 사용	3회이내
비펜트린(유탁)[바이스타]	다발생기	4ml	수확 14일 전까지 사용	4회이내
비펜트린(입상)[캡처,메이저]	다발생기	20g	수확 14일 전까지 사용	3회이내
아세페이트.이미다클로프리드(수) [아나콘다]	다발생기	20g	수확 30일 전까지 사용	3회이내
에토펜프록스(수)[트레본]	다발생기	20g	수확 14일 전까지 사용	3회이내
이미다클로프리드(액상)[코니도]	다발생기	10g	수확 7일 전까지 사용	3회이내
클로티아니딘(수)[세시미]	다발생기	10g	수확 14일 전까지 사용	3회이내
클로티아니딘(액상)[빅카드]	다발생기	10g	수확 14일 전까지 사용	3회이내
클로티아니딘(입수용)[똑소리]	다발생기	10g	수확 14일 전까지 사용	3회이내
티아메톡삼입상수화제(10%)[아타라]	다발생기	10g	수확 7일 전까지 사용	3회이내
페니트로티온(수)[메프치온,스미치온]	발생초	20g	수확 21일 전까지사용	2회이내

○ 들명나방

약제명[상품명]	사용 적기	물20ℓ 당 사용약량	안전 사용 기준	
			시기	횟수
클로란트라닐리프롤(입상)[알타코아]	다발생기	10g	수확 14일 전까지 사용	3회이내

○ 뿌리혹벌레

약제명[상품명]	사용 적기	물20ℓ 당 사용약량	안전 사용 기준	
			시기	횟수
벤퓨라카브(입)[신드롬]	포도발아기 토양주원처리	3kg/10a (300평)	수확 60일 전까지 사용	1회이내
카보설판(수)[포수,론킹]	발생초기	20g/20L	개화기	2회이내
카보퓨란(입)[이비엠물바사리,카보텔, 큐라텔,후라단,황제카보,동방카보]	발생초기 토양처리	4kg/10a (300평)	개화기	2회이내
카보설판입제(3%)[마샬,쌀지기,으뜸미]	발생초기	10L/주	개화기	2회이내

○ 애매미충류

약제명[상품명]	사용 적기	물20ℓ 당 사용약량	안전 사용 기준	
			시기	횟수
아세타미프리드(수)[모스피란]	다발생기	10g	수확 10일 전까지 사용	3회이내
아세타미프리드(수) [샤프킬,젠토스타,어택트]	다발생기	10g	수확 10일 전까지 사용	3회이내
아세타미프리드(입상)[이카루스]	다발생기	10g	수확 14일 전까지 사용	2회이내
아세타미프리드.에토펜프록스(수) [만장일치]	다발생기	20g	수확 21일 전까지 사용	2회이내
에토펜프록스(수)[트레본]	다발생기	20g	수확 14일 전까지 사용	3회이내
에토펜프록스(캡현)[쾌속탄]	다발생기	10ml	수확 14일 전까지 사용	3회이내
이미다클로프리드(수) [아리이미다,코니도,코사인,비법,대대로]	다발생기	10g	수확 21일 전까지 사용	3회이내
이미다클로프리드(액상)[코니도]	다발생기	10ml	수확 7일 전까지 사용	3회이내
클로티아니딘액상수화제[빅카드]	다발생기	10ml	수확 14일 전까지 사용	3회이내
클로티아니딘(입수용)[똑소리]	다발생기	10g	수확 14일 전까지 사용	3회이내

| 티아메톡삼입상수화제(10%)[아타라] | 다발생기 | 10g | 수확 7일
전까지 사용 | 3회이내 |
| 페니트로티온수화제[스미치온,메프치온] | 다발생기 | 20g | 수확 21일
전까지 사용 | 2회이내 |

○ 깍지벌레

약제명[상품명]	사용 적기	물20ℓ 당 사용약량	안전 사용 기준	
			시기	횟수
아세타미프리드.뷰프로페진(유)[바람탄]	다발생기	10g	수확 14일 전까지 사용	3회이내

○ 응애

약제명[상품명]	사용 적기	물20ℓ 당 사용약량	안전 사용 기준	
			시기	횟수
비페나제이트,피리다벤(액상)[완봉]	한 잎당 2~3마리 이하 발생 시	20ml	수확 14일 전까지 사용	2회이내
사이에노피라펜(액상)[쇼크]	한 잎당 2~3마리 이하 발생 시	10g	수확 14일 전까지 사용	3회이내
스피로디클로펜(수)[시나위]	한 잎당 2~3마리 이하 발생 시	10g	수확 14일 전까지 사용	3회이내
아세퀴노실(액상)[가네마이트]	한 잎당 2~3마리 이하 발생 시	20ml	수확 14일 전까지 사용	3회이내
에톡사졸(액상)[주움]	한 잎당 2~3마리 이하 발생 시	5ml	수확 14일 전까지 사용	3회이내
테부펜피라드(수)[피라니카]	한 잎당 2~3마리 이하 발생 시	10g	수확 14일 전까지 사용	2회이내
페나자퀸(액상)[보라매,응애단,워나란]	한 잎당 2~3마리 이하 발생 시	6.7ml	수확 30일 전까지 사용	2회이내
프로파자이트(수)[오마이트]	한 잎당 2~3마리 이하 발생 시	27g	수확 21일 전까지 사용	2회이내

○ 총채벌레

약제명[상품명]	사용 적기	물20ℓ 당 사용약량	안전 사용 기준	
			시기	횟수
디노테퓨란(입상)[팬텀]	다발생기	10g	수확 21일 전까지 사용	2회이내

○ 포도유리나방

약제명[상품명]	사용 적기	물20ℓ 당 사용약량	안전 사용 기준	
			시기	횟수
플루벤디아마이드(액상)[애니충]	성충발생초기 10일 간격	5ml	수확 14일 전까지 사용	3회이내

○ 포도호랑하늘소

약제명[상품명]	사용 적기	물20ℓ 당 사용약량	안전 사용 기준	
			시기	횟수
페니트로티온(수)[메프치온, 스미치온]	수확이 모두 끝난 후	20g	수확 21일 전까지 사용	2회이내

대한민국 으뜸 농사기술서

포도

1판 1쇄 발행일 2016년 6월 28일
1판 3쇄 발행일 2020년 4월 2일

공　저 박서준 정성민 허윤영 박종한 김현란 양창열 김승희 이영철
펴낸이 이성희

기획·제작 김용덕 김명신 김재완 손수정 이혜인
디자인&인쇄 지오커뮤니케이션

펴 낸 곳 (사)농민신문사
출판등록 제25100-2017-000077호
주　　소 서울시 서대문구 독립문로 59
홈페이지 http://www.nongmin.com
전화 02-3703-6136 **| 팩스** 02-3703-6213

이 책은 저작권법에 따라 보호를 받는 저작물이므로 무단전재와 무단복제를 금지하며,
내용의 전부 또는 일부를 이용하려면 반드시 저작권자와 (사)농민신문사의 서면 동의를 받아야 합니다.

© 농민신문사 2020

ISBN 978-89-7947-156-4 (13520)

잘못된 책은 바꾸어 드립니다. 책값은 뒤표지에 있습니다.

이 도서의 국립중앙도서관 출판예정도서목록(CIP)은 서지정보유통지원시스템 홈페이지(http://seoji.nl.go.kr)와 국가
자료공동목록시스템(http://www.nl.go.kr/kolisnet)에서 이용하실 수 있습니다. (CIP제어번호 : CIP2016015297)